基金项目：河北省文化艺术科学规划和旅游研究项目

课题名称：文旅融合视域下河北省手工艺类非遗衍生品创新开发研究

项目批准号：HB23-YB135

河北省非遗手工艺的传承发展
与衍生品设计

郝　静◎著

吉林出版集团股份有限公司

全国百佳图书出版单位

图书在版编目（CIP）数据

河北省非遗手工艺的传承发展与衍生品设计 / 郝静
著 . -- 长春 : 吉林出版集团股份有限公司 , 2024. 5.
ISBN 978-7-5731-5239-8

Ⅰ . TS959.2；TS973.5

中国国家版本馆 CIP 数据核字第 2024QS6182 号

河北省非遗手工艺的传承发展与衍生品设计
HEBEISHENG FEIYI SHOUGONGYI DE CHUANCHENG FAZHAN YU YANSHENGPIN SHEJI

著　　者　郝　静
责任编辑　王贝尔
封面设计　李　伟
开　　本　710mm×1000mm　　　　1/16
字　　数　210 千
印　　张　12
版　　次　2024 年 5 月第 1 版
印　　次　2024 年 5 月第 1 次印刷
印　　刷　天津和萱印刷有限公司

出　　版　吉林出版集团股份有限公司
发　　行　吉林出版集团股份有限公司
地　　址　吉林省长春市福祉大路 5788 号
邮　　编　130000
电　　话　0431-81629968
邮　　箱　11915286@qq.com
书　　号　ISBN 978-7-5731-5239-8
定　　价　72.00 元

非物质文化遗产作为地方历史文化的独特载体，以其丰富多样的地方民族特色，向世界展示了人类文明的多样性和创造力。这些珍贵的遗产不仅是地方特有的文化记忆，更是当地人民智慧的结晶和创造力的展现。在漫长的历史长河中，非物质文化遗产经历了时间的洗礼和积淀，更加具有历史的厚重感，背后蕴含着丰富的历史、文化和民族精神。这些元素相互交织，共同构成了非物质文化遗产的独特魅力，为当地增添了浓厚的文化底蕴。

非物质文化遗产作为各地区民族文化的独特表达和文化精髓，具有深远的意义和重大的价值，其在经济层面反映了人类生活的丰富多样性，同时在精神层面满足了人类对美好未来的向往和追求。这些文化遗产不仅是历史的见证，也是民族精神的传承，更是需要人们共同守护的精神财富。

非物质文化遗产中的传统手工艺传承与保护的相关研究与实践也一直在积极探索中。传统手工艺不仅是中华民族从古至今沿袭传承下来的造物文化，更承载了中华民族世世代代生产、生活的经验，融合了祖祖辈辈生活的智慧，并以有形的产品形式满足了人们物质生活和精神生活的需求。然而，随着社会的转型发展、市场经济的冲击、生活方式的转变，这些传统手工艺大多是流散在民间的艺术形式。同时，由于现实中老一辈手艺人逐渐衰老，愿意坚守和传承传统手工艺的人也越来越少。很多的传统手工艺已经淡出人们的视线甚至慢慢消逝。

本书从河北省各类手工技艺代表的实地考察入手，在大量史料和田野调查资料的基础上，进行多学科的综合分析和研讨，对于河北省非遗手工艺衍生品设计提出若干建议，并就手工技艺保护传承与可持续发展提出应对之策。这些建议和对策诚有不尽善、不完备之处，但它们来自基层，出自悉心的收集和研究，反映了手工技艺从业者的心声，也反映了相关专家、学者的看法与见解，可供决策部门研究和采纳。期望有更多的热心人士和志愿者参加到传统手工技艺保护和可持续发展的行列中来，为我国手工艺的复苏与振兴共同努力。

本书主要讲述了河北省非遗手工艺的传承发展与衍生品设计，共有五章内容。第一章是非遗手工艺概况，介绍了四部分内容，主要有非物质文化遗产概述、手工艺的历史沿革、非遗手工艺研究现状、非遗手工艺的传播发展建议。第二章是非遗衍生品设计概况，详细阐述了衍生品设计、非遗衍生品设计发展对策等内容。第三章介绍了河北省非遗手工艺的分类，主要阐述了剪纸刻绘、编织扎制、纺染织绣、雕刻塑造、金属工艺、烧造技艺等六部分内容。第四章介绍了河北省非遗手工艺的传承发展及策略，分别有河北省非遗手工艺的普查与保存、河北省非遗手工艺在传承中面临的问题、河北省非遗手工艺的传承策略。第五章介绍了河北省非遗手工艺衍生品开发现状及设计，包括河北省非遗手工艺衍生品设计的原则、河北省非遗手工艺衍生品设计的方法、河北省非遗手工艺衍生品设计的表现形式、河北省非遗手工艺衍生品设计实践。

在撰写本书的过程中，作者参考了大量的学术文献，得到了许多专家、学者的帮助，在此表示真诚感谢。由于作者水平有限，书中难免有疏漏之处，希望广大同行指正。

郝静

2023 年 11 月

目　录

第一章　非遗手工艺概况

手工艺类非遗具有十分重要的研究意义和价值。本章是非遗手工艺的概况，分别介绍了四部分内容，主要有非物质文化遗产概述、手工艺的历史沿革、非遗手工艺研究现状、非遗手工艺的传播发展建议。

第一章 非遗手工之概况

第一节　非物质文化遗产概述

一、非物质文化遗产介绍

文化作为民族的根基与精髓，承载着深厚的历史底蕴。从形态上划分，文化可分为物质文化与非物质文化两大类。物质文化是一种具有显著物质形态的文化，涵盖了人类在历史长河中创造和遗留下来的各种物质生产与生活成果。物质文化既包括宏伟壮观的建筑奇迹，也包括遗址出土的石器、种子，还有那些早已被荒草掩埋的古道等，它们见证了历史的沧桑变迁，承载着古人的足迹和记忆。这些物质文化遗产，以其独特的物质形态，展现了人类历史的进程和文明的演变。它们是人类活动的遗迹，是今人探寻古人生活、了解历史发展的重要依据。通过追寻这些遗迹，人们可以洞察人类的行迹，感受那些曾经辉煌一时的文明。然而，物质文化遗产也具有易受损害的脆弱性。随着时间的推移和环境的变迁，许多珍贵的物质文化遗产都遭受了不同程度的破坏和损失。这些损失不仅让人们失去了宝贵的历史记忆和文化传承，也让人们对未来的文化传承和保护充满了担忧。"人类口头与非物质遗产"（"人类非物质文化遗产"）这一术语，虽为新世纪才出现的新词，但其内涵与以往所指的"民间文化"相近，且涵盖面更广。这一转变不仅体现了对传统文化遗产保护的新认识，也彰显了人类对于非物质文化遗产的重视。2003 年 10 月 17 日，联合国教科文组织第 32 届大会通过了《保护非物质文化遗产公约》（以下简称《公约》）。2004 年，我国加入联合国教科文组织《保护非物质文化遗产公约》，并开始使用这个舶来的概念。

2007 年 9 月 3 日至 7 日，在日本东京召开的政府间委员会第二次会议通过决议，所有此前被宣布为"人类口头和非物质遗产代表作"的遗产，将在"人类非物质文化遗产代表作名录"建立后立即自动纳入该名录。2008 年 11 月 4 日至 8 日，在土耳其伊斯坦布尔举行的政府间委员会第三次会议通过决议，将《公约》生效前宣布为"人类口头和非物质遗产代表作"的 90 个项目（中国的昆曲、古琴艺术、新疆维吾尔木卡姆艺术、蒙古族长调民歌涵盖其中）列入"人类非物质文化遗产代表作名录"。

截至 2022 年 12 月，我国已有 43 项非物质文化遗产项目被成功列入联合国教科文组织非物质文化遗产名录（名册），这一数字位居世界前列。这些项目的入选，充分证明了我国在非物质文化遗产保护领域所取得的卓越成就和显著进步。我国政府在非物质文化遗产保护方面采取了一系列切实有效的措施，为非物质文化遗产的传承和发展提供了有力保障，为非物质文化遗产的保护提供了全方位的支持。非物质文化遗产的传承与保护需要社会各界的广泛参与和共同努力。这些项目被列入联合国教科文组织非物质文化遗产名录（名册），不仅是对相关社区、群体和个人辛勤付出的肯定，更是一种激励和鞭策。这将进一步激发社会各界对非物质文化遗产保护和传承的热情，推动非物质文化遗产事业持续健康发展。非物质文化遗产是中华优秀传统文化的典型代表，非物质文化遗产的意义转化、接合与生成，体现了中华优秀传统文化在实践中走向现代传承发展的内在过程。

二、非物质文化遗产的分类

《保护非物质文化遗产公约》表明，非物质文化遗产作为人类文化的重要组成部分，具有深远的意义。这些独特文化遗产的多样化实践、表演、表达形式、知识体系和技能，不仅代表了各个文化背景下的独特智慧，更是人类历史长河中积累的宝贵财富。无论是口头传统和表现形式，还是社会实践、节庆活动、手工艺技能等，都反映了不同群体的生活智慧和文化创造力。非物质文化遗产与人们的日常生活紧密相连，不论是日常生活中的工具、工艺品，还是具有特殊意义的文化场所，都是非物质文化遗产的重要载体。非物质文化遗产在世代相传的过程中，随着各群体和团体所处环境、与自然界的关系以及历史条件的变化而不断得到创新和发展。非物质文化遗产为维护文化多样性和激发人类创造力作出了重要贡献，在全球化的今天，保护和传承非物质文化遗产对于维护世界文化的多样性具有重要意义。

经过各级政府和单位的申报与推荐，我国针对国家级非物质文化遗产项目进行了系统的梳理和分类。根据项目的性质与特点，明确了以下十大类非物质文化遗产类型：民间文学、民间音乐、民间舞蹈、传统戏剧、曲艺、杂技与竞技、民间美术、传统手工技艺、传统医药以及民俗。这一分类标准一直沿用至今，为非物质文化遗产的保护、传承与发展提供了明确的方向和依据。

（一）民间文学

民间文学是源自广大劳动人民的智慧与创造力的特殊文学形式。自古以来在中华大地上广泛流传，深受人们的喜爱。其以口头形式传承，通过一代又一代人的口耳相传，流传至今，如民间故事、民间戏曲、民间曲艺、神话、传说、歌谱、谜语、谚语等。优秀的民间文学不仅具有优越的艺术性，而且包含很多历史信息。传承和研究民间文学可以了解当地人民在某个特殊时期的生活态度、民族信仰、价值观念等。民间文学具有鲜明的口头性、集体性、变异性、传承性和直接的人民性。

（二）民间音乐

民间音乐是指形成并流行于民间的歌曲和器乐曲，包括民间舞蹈音乐和民间戏曲音乐。民间音乐的创作者一般是有创作才能的、不出名的民间艺人，他们往往既是创作者又是表演者。民间音乐具有鲜明的民族风格和地方特色，在表现手法和技巧上具有丰富性，因场合和氛围的不同会有不同的表现手法和技巧。

（三）民间舞蹈

民间舞蹈是一种在民间广泛流传的艺术形式，深受广大人民群众的喜爱，以独特的舞姿和韵律，展现了人民在劳动、斗争、交往和爱情等方面的生活画面。传统舞蹈的魅力和价值，不仅在于其独特的艺术表现形式，更在于其背后所蕴含的文化内涵和社会价值。它融合了音乐、戏剧等多种艺术元素，通过舞者的舞蹈动作将情感、故事和人物形象生动地展现出来。不同地区的地理气候、生活方式、风俗习惯、历史传统、民族性格以及宗教信仰等存在差异，使得传统舞蹈呈现出丰富多样的风格特色。

（四）传统戏剧

中国传统戏剧是人类文化艺术的瑰宝，源远流长，与印度梵剧、希腊悲喜剧被统称为全球三大古老戏剧文化。传统戏剧以其独特的魅力，深深地影响着世界各地的人们，成为文学艺术领域中不可或缺的一部分。戏剧作为文学的一种表现形式，主要是指专为戏剧表演所创作的脚本，即剧本。传统戏剧以剧本为基础，通过舞台表演将文字转化为生动的视听艺术。传统戏剧的魅力在于其具有丰富多样的表现形式，涵盖了语言、动作、舞蹈、音乐、木偶等多种形式，旨在通过舞台表演达到叙事的目的。传统戏剧是时间艺术与空间艺术的完美结合，承载着深厚的历史文化底蕴。常见的表演形式包括话剧、歌剧、舞剧、音乐剧以及木偶戏等。传统戏剧具有虚拟性，舞台艺术不是单纯模仿生活，而是对生活原型进行选择、提炼、夸张和美化，通过唱、念、做、打等表演手法把观众直接带入艺术的殿堂。传统戏剧的另一个特征是程式性，舞台动作的表现有一套固定的程式，而在程式的规范之下又有灵活性。

（五）曲艺

曲艺包含各种民间说唱艺术，蕴含着深厚的历史文化底蕴和独特的艺术魅力。口头传唱、说唱故事等原始的曲艺形式在民间广泛流传，逐渐形成了独具特色的艺术风格。我国仍活跃在民间的曲艺品种有 400 个左右，它们虽有各自的发展历程，但都具有民间性、群众性的艺术特征。曲艺不同于戏剧，戏剧是由演员装扮成固定的角色进行表演，而曲艺演员不装扮成角色，通常一个演员模仿多种人物，以一人多角的方式，通过说、唱或似说似唱或又说又唱来叙事、抒情，把人物和故事演绎出来。曲艺表演起来比戏剧简单、朴素，通常一个伴奏器乐、一个道具、一个演员就能撑起一台曲艺表演。

（六）杂技与竞技

杂技的起源可追溯至原始人的狩猎活动和自卫技能。原始人为了生存和繁衍，不得不掌握各种狩猎和战斗技能。这些技能在长期的实践中得到了不断的提升和完善，逐渐形成了独具特色的杂技艺术。每一种杂技与竞技都有自身的游戏规则和艺术特点，且带有鲜明的地域色彩，因地域具有差异而有不同的规则。

（七）民间美术

民间美术，是一种源自广大民众，用以美化生活环境并丰富民间活动的视觉艺术形式。它深深扎根于民间，反映了人民的生活习俗、审美观念和艺术创造力。

民间美术以其独特的魅力和价值，成为中国传统文化中不可或缺的一部分，深受人们的喜爱。民间美术的种类繁多，包括年画、刺绣、剪纸、风筝、编织等传统工艺品。

1. 年画

年画最早是由门神画演变而来的，主要是在木头上刻印。人们为了追求纯正善良的风格和欢乐喜庆的气氛，常将其用于过节时的室内装饰。年画都是线条形的，比较单一，但是色彩非常鲜艳，有各式各样的图案，如神话传说、花鸟、春牛、古代故事等。

2. 刺绣

刺绣一般是妇女所做，又称女红。粤绣、湘绣、蜀绣、苏绣被称为四大名绣，它们被广泛地用于床上用品、服装、桌布、靠垫等生活用品及屏风、壁画等。

3. 剪纸

剪纸在全国各地都有，因它成本低、材料普通、适用范围广，成为中国民间最常见的一种传统装饰。具有代表性风格的有南方派、江浙派、北方派。

4. 风筝

风筝起源于春秋时期，最初是用其来传递信息的，发展到宋代，放风筝成为一项常见的娱乐活动。

5. 编织

中国的编织工艺和传统玩具种类多、风格不一，都具有本土文化和乡土艺术的特点，一般就地取材，物美价廉。

（八）传统手工技艺

传统手工技艺是难度较高、具有较高艺术性的手工技艺，表现出中国老百姓的聪明才智与极强的艺术创造感。

传统手工艺在当今社会和生活中仍被广泛应用，可见传统手工艺的价值是不容忽视的。随着人们对物质生活和精神生活要求的提高，许多传统手工技艺引入了现代化的生产技术，被赋予了除使用功能以外的文化内涵。

（九）传统医药

传统医药早在现代医学体系形成之前便扎根于中华传统文明之中，它深深植根于古代中医的沃土。历代医学家凭借对生命的敬畏和对自然的感悟，经过长期实践探索，逐渐积累了宝贵的医学智慧，形成独具特色的传统医药体系。

由于不同国家、不同文化背景下的传统医药各具特色，因此传统医药在全球范围内呈现出丰富多样的形态。在我国，传统医药的理论知识具有很强的整体观和统计观，使临床医学形成了独特的治疗观和行为方式，通过望、闻、问、切四诊，从整体上把握阴、阳、表、里、寒、热、虚、实八纲，查探身体健康与否。传统医学通过综合分析各种致病因素，同病异治、异病同治，注重扶正祛邪、治标固本。

（十）民俗

民俗，即民间风俗，是各个国家或民族的广大人民群众对生活的理解和表达，展现了深厚的历史底蕴和独特的民族特色。

民俗作为在人类社会群体生活中形成的一种独特的文化现象，承载着丰富的历史、传统和社会价值，其在特定的民族、时代和地域背景下逐渐形成，并随着历史的推进和社会的进步不断发展。由于民俗是从当地人民生活的习惯中演变、形成的，受地理环境、当地人谋生方式、历史传统的影响和制约，因而显示出浓郁的地方特色。由于民族众多，每个民族又有不同的民俗，同一民俗在不同阶段也会有变化，民族间的交流也会使民俗相互影响，因此我国的民俗呈现出多元性、复合性、变异性的特征。民俗涉及的内容很多，研究的领域至今仍在不断地拓展，主要包括生产劳动民俗、日常生活民俗、社会组织民俗、岁时节日民俗、游艺民俗等方面。

三、非物质文化遗产的价值

非物质文化遗产是每个民族世代相传的传统文化。这些文化包括非常丰富的历史、文化、经济、教育、科学等资源，对于人类的发展和延续有着重要的价值与意义。

非物质文化遗产作为人类文明的独特印记，以其丰富多彩的形态和深厚的内涵，承载着国家和民族的身份标识，更凝聚着世世代代人们的创造力和智慧，为人类社会的持续发展注入了源源不断的活力。非物质文化遗产是人类历史长河中智慧的积累和传承，展示着人类文明的多样性和创造力。深入探究非物质文化遗产，会发现它们蕴含着深厚的历史底蕴和丰富的文化记忆。这些记忆通过代代相传的方式，不断传承和发展，成为民族文化的重要标识。同时，非物质文化遗产还承载着人们的生活方式、价值观念和审美追求，反映了人类与自然、社会和谐共生的理念。在全球化的浪潮下，各种文化交流与碰撞日益频繁，保护和传承非物质文化遗产显得尤为重要。

（一）历史价值

非物质文化遗产作为人类文化多样性的重要组成部分，承载着丰富的历史信息和独特的文化价值。不仅体现了特定地区和民族长期以来的传统文化，更在不断发展中形成了自己独特的历史特征。这些特征的形成是一个复杂而漫长的过程，既包含了历史的积淀，也体现了文化的传承和创新。

例如，民间文学自古以来便以其深厚的历史底蕴和丰富的文化内涵吸引着人们的目光，其多源于远古时期的神话与传说，这些古老的故事不仅承载着历史的记忆，更是民族文化传承的基石。民间文学作品为人们展现了不同历史时期社会的面貌、文化的演变以及人们的生活状态，是历史的见证和文化的载体。这些遗产承载着过去的记忆，同时也为未来的发展提供了宝贵的资源和启示。保护和传承非物质文化遗产是每个人的责任。通过深入研究和广泛传播这些宝贵的文化遗产，我们能够更好地了解先人的智慧和情感，从而更加珍视和传承自己的文化传统。同时，这也将有助于促进文化多样性和人类文明的进步。因此，民间文学及其所代表的非物质文化遗产具有极高的历史价值和文化意义。

（二）传承价值

非物质文化遗产作为历史的见证和文化的载体，拥有无可替代的传承价值。这些珍贵的遗产不仅让人们能够跨越时空的界限，切实地感受到那些已经远离人们的历史瞬间和文化精髓，更让人们深刻地理解了人类文明的多样性和丰富性。非物质文化遗产源于集体智慧和个体创造力。在漫长的历史长河中，每一代人都在不断地创造、传承和发展着自己的文化。这些文化经过世代的传承，成为展现该集体文化特色和社会个性的鲜明标志，既体现了民众集体生活的历史脉络和文化积淀，又展示了其深厚的历史文化价值。非物质文化遗产的传承方式具有鲜明的民间特色，它们往往通过口头叙述、非正式记载和活态展现的方式传承下来，为人们提供了官方历史记载之外的重要补充。这些非正式的、口传身授的传承方式，使得非物质文化遗产能够更加真实、全面和深入地展现那些已经消逝的历史和文化。

随着全球化的推进和现代科技的飞速发展，文化多样性正遭受着前所未有的威胁。这种流失已经对人类社会产生了深远的影响。人们必须深刻认识到非物质文化遗产中文化多样性的重要价值，并紧急采取行动来保护这一宝贵的人类遗产。19世纪70年代，全球有超过8000种语言种类，现已经减少到6000多种。这不仅仅是一个数字的变化，更是一个个独特文化元素的消失。许多少数民族语言正迅速消失，被全球化浪潮和现代通信技术所吞噬。造成文化多样性流失的原因有很多，其中最为显著的是现代化的冲击。随着现代化进程的加速，许多传统文化习俗和信仰逐渐被淡化。此外，互联网和现代通信技术的普及也加速了文化的同质化，使得各种文化之间的界限逐渐模糊。文化多样性是人类社会进步的源泉，它激发着人们的创新精神，推动着社会的不断发展和进步，保护文化多样性对于维护人类社会的繁荣和稳定具有重要意义。

非物质文化遗产是人类智慧和创造力的结晶，通过一代又一代的传承，将民族的思想精髓、文化理念以及集体精神凝聚其中。包含了民族的价值观念、心理构造、气质情感等核心要素，是塑造民族文化独特性和灵魂的基石。在全球化进程不断加快的背景下，保护和传承非物质文化遗产刻不容缓。非物质文化遗产作为文化传递与保存的关键工具与媒介，承载着民族文化的精髓，它们以独特的方式，赋予每个人、每代人独特的文化魅力与崇高的民族精神。这种文化的传承与发扬，不仅培育了具有卓越文化影响力的民族，也为世界文化的繁荣与发展作出了重要贡献。然而，在现代化进程中，非物质文化遗产面临着诸多挑战。因此，加强非物质文化遗产的保护与传承，已成为摆在人们面前的重要任务。

（三）文化价值

非物质文化遗产是一种传统的表现，承载着古老而原始的文化基因，是人类历史文化的深厚底蕴的汇聚，也是每个集体和民族的文化基石。这些无形的文化财富，以其独特的魅力和价值，成为人类文明体系不可或缺的一部分。作为文化的重要象征，非物质文化遗产承载着各民族或群体的传统文化核心精髓。这些珍贵的遗产，通过世代的传承和不断的创新，展现了人们独特的生活方式和生存智慧。它们保留了塑造民族或群体独特身份的原生状态，以及其特有的思维方式、心理结构和审美观念等。非物质文化遗产映照出了各个民族或群体的历史和文化轨迹，具有极高的文化价值，非物质文化遗产的独特文化价值也在文化交融中得以凸显。为了更好地保护和传承这些非物质文化遗产，人们需要加强对其的研究和宣传，进一步强调其独特的文化价值。

（四）精神价值

非物质文化遗产蕴含着深厚的历史底蕴，展现了民族或群体独特的精神追求以及劳动与生存的智慧和发展经验，是特定民族或群体的历史积淀，是智慧的结晶和精神的寄托，是识别一个民族身份的核心标志。非物质文化遗产是民族个性的生动体现。每个民族都有自己独特的文化传统和习俗，这些都在非物质文化遗产中得到充分的体现。非物质文化遗产不仅具有极高的艺术价值，更是民族文化传承的重要载体。非物质文化遗产在传承和凝聚民族精神方面发挥着不可或缺的作用。民族精神是民族凝聚力和向心力的源泉。非物质文化遗产作为民族精神的载体，通过代代相传的方式，将民族精神传承下去，使民族成员在心灵深处产生强烈的归属感和认同感。这种归属感和认同感，是民族团结和社会稳定的重要基石。

（五）经济价值

非物质文化遗产是具有文化性和地域性的独特载体，不仅承载着深厚的历史文化内涵，更以其独特的魅力吸引着人们。这些遗产不仅是文化的瑰宝，更是经济发展的宝贵资源。它们以丰富的文化特征，为音乐、电影、戏剧、广播等产业提供了源源不断的创意灵感。这些非物质文化遗产的美学价值和历史意义，为民间艺术产品注入独特的魅力，也使其在全球范围内形成独特的产业体系。随着全球旅游业的蓬勃发展，许多地方已经认识到非物质文化遗产作为旅游资源具有巨大潜力，通过深入挖掘和整理这些遗产，开发出一系列富有特色的文化旅游项目，吸引了大量游客前来体验。这些项目不仅让游客领略了当地的文化魅力，也为当地带来了可观的经济效益。

非物质文化遗产作为人类文明的瑰宝，承载着民族的历史记忆、文化传统和智慧精髓。在当今社会，随着科技的发展和全球化进程的加快，非物质文化遗产面临着前所未有的挑战和机遇。在推动非物质文化遗产的经济效益方面，需要注重平衡保护和开发的关系。保护是开发的前提和基础，只有保护好非物质文化遗产，才能确保它们的持久延续和可持续发展。因此，应当在保护非物质文化遗产的同时，积极推动其发展，使保护与开发相辅相成，更好地保护非物质文化遗产。

在现今市场经济的大环境下，非物质文化遗产的经济开发价值显得尤为突出，这不仅仅是对文化资源的利用，更是推动非物质文化遗产持续发展的重要动力。在市场经济的驱动下，非物质文化遗产通过各种形式的商业化运作进入公众的视野。这种商业化的推广方式，不仅使非物质文化遗产得以广泛传播，还加深了公众对其价值的认识，从而提高了社会对非物质文化遗产的重视程度。此外，经济收入的增加使保护工作得到了更多的资金支持，这些资金可以用于修复受损的非物质文化遗产、资助传承人开展传承活动等。同时，经济开发也为非物质文化遗产的传承提供了更多的机会和平台，可以通过文化旅游项目吸引更多的年轻人参与，从而拓宽传承渠道，促进非物质文化遗产的传承和创新。

民族文化是我国非物质文化遗产的重要组成部分，也是非物质文化遗产产业化的重要支撑。各地的民俗活动、传统节日、民间信仰等都是民族文化的重要组成部分。通过举办各种民俗活动，不仅能吸引游客，还能让更多人了解和认识我国的传统文化，从而增强民族自豪感和文化自信心。非物质文化遗产的产业化发展，不仅有助于创造经济效益，还有助于传统文化的传承与发展。通过产业化开发，可以将这些传统工艺和传统文化资源更好地传承下去，让更多的人了解、认识和喜爱传统文化。同时，产业化发展还能为非物质文化遗产的保护和持续繁荣注入新的活力，使其在现代社会中焕发新的生机。

在探讨非物质文化遗产保护的问题时，首先要坚守本真性和原生态保护的原则。非物质文化遗产是民族文化的重要组成部分，它们承载着一个民族的历史、信仰、艺术、习俗等方面的信息，是民族认同和文化传承的重要载体。因此，保护非物质文化遗产，就是保护民族文化根基，维护文化多样性和创造性。在全球化、市场化的今天，人们还需要具备前瞻性的经济思维，用发展的眼光去审视和推动保护工作。只有通过科学、合理的经济开发，才能为非物质文化遗产保护提供更多的资源和动力，实现保护和发展的良性循环。对于那些具有民族文化特色且具备经济开发潜力和市场前景的优势文化资源和非物质文化遗产，应敢于创新，提出产业化的发展思路。在保护的基础上，通过科学的品牌定位、精心设计的营销战略以及集中力量的优势文化资源培育，不仅可以提高非物质文化遗产的知名度和影响力，吸引更多的关注和投入，还可以促进相关产业的发展，带动地方经济的增长。

（六）教育价值

非物质文化遗产既是学校教育的重要资源，也是社会教育的宝贵财富。非物质文化遗产蕴含着丰富的思想品德、道德伦理和行为准则。这些习俗文化不仅是民族精神的体现，更在培养下一代的良好品格和塑造积极向上的社会风气方面有着深远影响。非物质文化遗产的普及和推广，为青少年打开了一扇了解民族文化传统的大门。通过学习和体验，学生可以全面而生动地感受到民族文化的魅力，进而激发他们的民族认同感和自豪感。这种对祖国的热爱之情，将伴随他们成长，成为他们为国家和民族发展贡献力量的不竭动力。在教育领域，非物质文化遗产的价值不仅体现在其丰富的内容和形式上，更体现在其深刻的内涵和独特的传承方式上，其不仅能够陶冶学生的情操，提升他们的素养，还能够培养他们的各种能力。此外，专业学者在学校和社会中传授非物质文化遗产知识，也为学生提供了更广阔的学习空间和更深入的学术指导。

第二节 手工艺的历史沿革

一、远古时期

当人类进行有目的劳动即学会制作劳动工具时，人类就与动物区别开来。旧石器时代，人类以狩猎为生，石器是原始社会主要的劳动工具，也是人类最早的手工制品。

约1万年前是中国新石器时代的开始。新石器时代的人类已经懂得制作手工磨制的石器，懂得定居下来并从事农业和饲养家畜，懂得制作陶器，甚至还懂得制作陶瓷、骨器和染色的石珠等手工制品，由此诞生了仰韶文化、河姆渡文化、马家窑文化、大汶口文化等。新石器时代手工艺的载体正是手工制作的彩陶和玉器。现在所看到的彩陶，颜色大致有红、黑、白、褐等等；上面的花纹多数是植物纹、人面纹、鱼纹图等；器型主要有陶盂、陶罐、陶钵、陶盆、陶瓶等，还有一些简单的动物造型。

陶器是新石器时代开始的标志之一。新石器时代的彩陶以它独特的造型、独特的色彩、独特的花纹，给人们留下了人类早期的手工艺品，谱写了人类手工艺的序曲。

人类社会经过长期的旧石器时代步入新石器时代后，产生了极大的变化。人们的经济生活，已由采集经济发展到生产经济，即人类已经学会通过自己的劳动，生产自己所需要的物质生活资料了。因此，原始的农业、手工业、家畜饲养等经济部门都在这时出现，并以崭新的姿态向前发展，使得陶器的出现成为可能。

首先，陶器不能在流动生活中进行生产。进入新石器时代以后，由于经济的发展，人们学会了建筑房屋，过定居生活，这就为陶器生产准备了前提条件。其次，农业生产主要是为人类提供粮食。我国新石器时代的粮食作物，在黄河流域主要是粟，在长江流域主要是水稻，这都需要煮熟才能吃。将粮食煮熟，就需要有耐火的容器，而当时所能出现的这种容器，只有陶器。这就是说，陶器的产生是为了满足当时人们的需要。最后，从长时期的劳动和生活实践中，新石器时代的人们已具有控制和使用火的能力，对黏土性能的认识已逐渐了解和掌握，这就为制造陶器准备了技术条件。

陶器是人类继石器制造后首次改变材料物理性质的造物尝试。彩陶以黏土为原材料，烧成后的陶色呈砖红色，陶质粗松多孔，成型后的陶坯一般先施陶衣，再饰以黑红彩绘，然后入窑以 600～800℃窑温烧成。

新石器时期的工艺美术以彩陶为主要代表。彩陶的造型、纹饰风格是社会需求、技术条件和文化积淀的综合结果。在磁山发现有一片画有简单红色曲折纹的彩陶，由此可见，我国 8000 年前的陶器在工艺上还较简朴，但已初具规模，并有一定的技巧。

河姆渡文化是目前长江下游已发现的年代最早的一种原始文化，距今约 7000 年，因 1973 年首次在浙江余姚河姆渡村发现而得名。其陶器制作还处于较为原始的手制阶段，陶质疏松，绝大部分为夹炭黑陶，烧成温度多在 800℃以上。器型以釜、罐最多，器表往往饰以绳纹、动植物刻划纹和彩绘，朴实优美。

半坡类型彩陶距今 7000～6000 年，主要器型为卷唇折腹圆底盆，敞口，制作一般较简单，具有早期特点。各种具象和抽象的鱼纹成为其主要装饰题材，人面鱼纹盆是典型的半坡类型彩陶。

庙底沟类型彩陶距今 6000～5000 年，主要器型虽仍为敞口，但典型的大口鼓腹小平底盆已呈现出前所未见的优美造型线。纹饰以鸟纹为代表，从半坡的散点纹样演变为以二方连续纹样为主；制作时常常先以点来定位，经由弧线连接，构成静态或者动态的装饰。

其后出现的是仰韶文化、大汶口文化和马家窑文化等。此时的陶器无论在选择原料、成型技术、艺术加工和烧成温度方面，都已经达到了一个较高的水平。尤以丰富多变、绚丽多姿的彩绘陶器为其代表。彩陶器物上的纹样极为丰富，多数是形式多变的几何纹样，其次是植物纹样，以及人、鱼、鹿、蛙、鸟、蜥蜴纹等。彩陶器物上图案纹样的装饰，其艺术处理相当成功，起到了美化器物的效果。且彩陶图案的内涵是极有寓意的，是人们思想和感情的流露，因此不失为研究当时社会环境、意识形态的形象资料。马厂类型彩陶纹饰简练、粗犷，典型的人形纹（或称蛙纹）彩陶罐，笔画直率遒劲，表现出装饰题材的变化。

大约在公元前 4000 年末至公元前 3000 年间，我国新石器进入了龙山文化、良渚文化阶段。这时期的制陶业已经非常专业化了，产量和数量都较过去有了很大的提高。陶器的制法有了很大的改进，主要表现在轮制技术得到普遍应用，并辅之以模制和手制；器壁的厚薄也十分均匀；陶质细腻、陶土可塑性大；陶色以黑陶为多，也有灰、红、黄、白陶；陶器的烧成温度有的可达 1000℃；器型多样、规整、精巧，常见的有鼎、盂、釜、碗、盆、罐、盘、杯、壶、簋、瓮、尊等；陶器以素面或磨光的最多，纹饰有弦纹、篮纹、划纹、附加堆纹、镂孔等，也有一些施以陶衣和彩绘。

稍晚于彩陶工艺的黑陶，主要产地在黄河下游和东部沿海。它有漂亮的亚光黑色，不需彩绘。古人利用轮制工艺，在黑陶表面划上少许弦纹，并加以镂空。有的黑陶器壁极薄，有"蛋壳陶"的美誉。山东龙山文化的蛋壳黑陶，胎壁仅厚0.5~1 毫米，表面乌黑发亮，是这一时期制陶工艺达到极高水平的代表作。

在长江以南地区，还有一种灰陶。在陶坯半干时，用刻有几何纹样的印模按捺陶坯，烧成后成为表面有丰富印纹的灰陶，也被称为几何印纹陶。此外，新石器时期，人类已经使用骨蚌穿制项饰。

在原始社会的旧石器时期，原始人类通过打砸的方法，将天然石料制作成形状明确、坚实耐用、适合于多种用途的石器工具。

进入新石器时期，原始人类在打砸的基础上再加研磨，制作成造型工整对称、表面肌理光滑的石工具。随着石器制作者制作经验的积累、制作技术的进步，人们也逐步发现基本的形式美法则，并在石器制造中体现出来。

面对远古时代留下来的那些古朴美丽的文物，仿佛听到祖先透过那些器皿的造型和流动的花纹在诉说着故事，诉说着他们看到了什么、他们的生活需要什么，还传递着一个千古不变的道理：人类用自己的智慧和双手，利用大自然给予的丰富物产，创造生活用品，满足自身需要。

对于新石器时代的玉器来说，无论是东北辽河流域红山文化的玉龙、玉兽装饰，还是黄河下游海岱龙山文化的玉兽面纹，或是长江下游太湖地区良渚文化玉琮、玉钺等器物上的神人兽面纹，隐约反映出古代中国社会的神秘性。装饰手法多用阴线刻描，少数阴阳线交汇或剔地阳纹，更使主题鲜明。新石器时代玉器造型体现的是远古先民天人合一的宇宙观，装饰反映的是万物有灵的认识论，造型与装饰、内容与形式，相得益彰，融为一体。

二、夏商西周时期

夏商西周时期，在青铜器问世之后，石器就很少被用作劳动的工具，石器的雕刻逐步进入了艺术领域，这是中国石雕和玉雕艺术的开始。对于漂亮的石头，我们的祖先已经懂得通过加工，使之变成艺术品。

商西周时期，奴隶社会的政治、经济、技术发展和社会风俗变化极大地影响了青铜器造型纹饰风格的演变。青铜是红铜、锡和铅的合金，因泛灰青色而名。商西周时期，青铜器主要被用作"礼器"。

以青铜器的造型分类，可分为炊煮器、食器、酒器、水器等。青铜炊煮器用于炊煮食物，著名炊煮器有鼎、鬲、甗。鼎用于煮肉食。青铜鼎由鼎腹、鼎足、鼎耳组成。鼎的各组成部分因时代、具体用途不同而不同。商王为祭祀母亲铸造的后母戊鼎，造型厚重威严，是我国目前发现的最大的青铜器。鬲和甗分别用于煮粥食和蒸煮食物。鬲的足设计巧妙，方便热量传递；甗中间有穿孔的隔板，就是今天的蒸隔。青铜食器用于盛放食物，簋用于盛饭食，豆用于盛菜食。青铜酒器包括用于盛酒的尊、饮酒的爵与调和酒的盉等。尊是较大型的盛酒器，器腹硕大，侈口。商代著名青铜尊有龙虎尊和四羊方尊。爵是造型别致的青铜饮酒器。爵腹用于盛酒；器口缘有便于饮酒的"流"，边上有把手，器壁附有菌状柱。青铜水器主要用于盥洗，主要是匜和盘。匜用于注水，盘用于盛水。

青铜器的纹饰包括主体纹样和陪衬地纹两类。奴隶社会鼎盛时期的青铜主体纹样是兽面纹（也称饕餮纹），主要陪衬地纹为云雷纹。兽面纹作为青铜器的主纹出现，通常左右对称，巨目大口，头上有角，狞厉威严。现代学者认为，兽面纹应该是牛、羊、虎、猪等动物正面形象的图案化综合。

随着时代的演进，青铜器的形制和纹饰前后有很大的变化。商西周青铜器风格厚重、森严，显示出奴隶主政权的威慑力量。西周末至东周初，青铜器的风格趋向简洁，出现了单纯明了的环带纹和重环纹。东周至秦的青铜器造型纹饰转为轻巧、活泼，富于动感。蟠螭纹和反映社会生活的图画也成为青铜器的装饰题材。

铜器文化是记录远古社会的形象史册。青铜艺术形象地显示了奴隶社会的生产发展水平、技术的进步和社会状况。青铜器的铸造需要上千摄氏度的高温，一般说来还需要鼓风的设备。青铜器往往铸造有各种铭文，字体为金文（又称钟鼎文、金钟文），它是历史的真实记录，可以从这些文字中了解到奴隶社会的人与人的关系以及许多民俗、礼仪方面的史料。

青铜器和陶器文化不同。新石器时期的陶器只是反映人们对共同生存的环境的赞美，反映出人们追求美好生活的愿望，而青铜器则反映着奴隶社会的发展，体现着奴隶社会物质文明所达到的水平。

商西周时期在制玉方面也取得了很大成就。商西周时期玉器不仅器型多样，而且装饰多姿多彩，器型与装饰结合更加巧妙，形中显纹，纹体为形。商代常见的龙虎、凤、饕餮、牛、鸟和神人图像，采用剪影和侧视展开的方法，对轮廓和动态加以夸张，以当时最流行的剔地阳纹或双钩线法对物体的各个细部加以描绘，眼作瞳孔突出的"臣字眼"，耳作方或圆的卷涡等。西周器型与商代相近，其装饰线条已有细微变化，由商代的两条垂直阴线出阳纹，变成一条垂直阴线和一条斜坡阴线相交出阳纹，刚柔相济，利用不同反光和阴影之差，使装饰更具立体感和图案美。由于商西周时期礼治天下，制定"六瑞""六器"用玉制度，礼玉一枝独秀，装饰主题也为礼仪服务。透过形态多变的动物形玉器的装饰表象，可以隐约看到，它们表现的不是国家的"吉祥物"，就是国家的"珍禽异兽"，以寓意"普天之下，莫非王土"的君主思想。

从商西周时代开始，由于社会经济的发展、各种手工业的兴起以及物质文化的需要，陶器逐渐被广泛应用于建筑业和青铜冶铸业。这样，陶器一词的含义也就不再局限于日常生活所用器皿的范围了。同时，随着科学技术的进步，以及新材料的不断出现，再加上陶器本身具有的某些不可克服的缺点，于是普通陶器慢慢失去了往昔曾是人类主要生活用器的重要地位，而为后期的印纹硬陶、原始瓷、低温铅釉陶、瓷器、紫砂陶等新生事物所替代。

大约从公元前 21 世纪开始，中华民族跨入了文明社会的门槛。然而，席地坐卧的起居习俗却依然延续了漫长的时间。席子在先秦时期仍是重要的起居用具。不过，此时已可见到不少后世家具的雏形，如商西周的铜俎、木俎，战国的凭几、漆案、漆几等，其形状代表着后代的几、案杌、桌等类型；商、周的铜禁、战国的漆箱等，则代表着后代的箱、橱柜等类型。此外，在商代甲骨文中，已出现了床字，字形写作"日"，实际上就是竖立的床的形状，而病字字形则写作"时"，即人躺在床上的样子。由此可知，床的历史至少已有三千多年。

三、春秋战国秦汉时期

（一）漆器

漆的使用古已有之，在战国秦汉时期，漆器普遍成为具有代表性的工艺美术品种。相对于陶器和青铜器，新的材料给战国秦汉时期的工艺美术带来了全新的面貌。

漆器由胎骨和表面的漆饰组成。一般来说，漆器的胎选用木材为原料，挖制（或旋制）成器形。战国秦汉时期流行木片卷粘胎，制作时先将木料裁为薄片，经烘烤卷成筒状，然后在外加裱麻布。木片卷粘胎适合制作筒状器物，当时的筒状容器奁，就是这样制成的。战国秦汉时期，漆器的典型器物除奁之外还有耳杯。耳杯也称羽觞，其作用相当于酒杯和水碗；耳杯的杯体浅浅下凹，杯的两旁有双耳，主要用于盛水盛酒；有的耳杯在包装时杯杯相套，大大节省了搁置空间。魏晋南北朝时期，流行夹纻胎：先以漆灰成型，然后外面加裱麻布，待麻布干硬成为壳体后，再捣去内里漆灰胎，便获得轻盈精致的胎型。

漆器的髹涂最初是为保护器胎，后来在漆层上加上各种装饰。战国秦汉时期，漆色以红、黑为主；装饰手法有彩绘、针刻、镶嵌等；纹饰包括动物、几何纹，其中变化多端的云纹是战国秦汉时期漆器的主要装饰纹样。

马王堆一号汉墓出土了大量漆器。出土的漆棺上有彩绘云纹装饰，夹杂着神仙人物和动物。彩漆的云纹线条婉转流畅，有极高的观赏价值。

战国时期的楚国、汉代四川的蜀郡和广汉郡是当时漆器的重要产地。

（二）青铜器

战国秦汉时期的青铜器制作转向青铜灯炉等特殊造型，代表作品有长信宫灯、错金博山炉等。它们将作品的实用功能与审美功能有机结合起来。著名的铜奔马表现了精湛的青铜制作技艺与聪慧的艺术构思。

（三）金银器

目前，最早的黄金器皿是湖北随县战国时期的曾侯乙墓中的金盏，重2150克，采用钮、盖、身、足分铸再合范浇铸或焊接成器的方法，全器制作十分精细，具有楚青铜器风格，其制作工艺是在中国传统的青铜铸造工艺基础上发展起来的一种新的工艺。对于春秋战国时期的金银器，中原地区与少数民族地区的风格有所不同。山东、浙江、湖北等地的金银器多为器皿带钩等，一般以范铸法制成；内蒙古、陕西等地出土的主要是金银首饰及马具上的饰件，工艺技术较为完善。

秦代金银器目前发现甚少，山东淄博窝托村古墓出土的秦始皇三十三年（公元前214年）造的鎏金刻花银盘，盘内外錾刻龙凤纹，花纹活泼秀丽，线条流畅，富有韵律感。陕西西安秦始皇陵所出铜车上，有金质的当卢、金泡、金项圈、金珠，银质的银镳、银辖及银环、银泡、银项圈等部件，均系铸造成型。

两汉时期，我国金银器的产量已相当可观，文献记载中多有统治阶级之间常以黄金作为赏赐、馈赠、贡献等，而且数量惊人。江苏盱眙南窑庄窖藏曾发现金版、金饼、马蹄金、麟趾金等各种金币36块，置于一铜壶内，壶口盖一重达9千克的金兽，含金量达99%，表面锤饰圆形斑纹，是一件汉代的重器。江苏邗江东汉广陵王墓出土有广陵王金印及十余件制作精细的小金饰件。此外，金银丝也用来串系金缕、银缕玉衣。从这些出土品可以看出，当时，除了自商周以来加工黄金所用的锤揲、制箔、拔丝、铸造等技法被继续沿用外，金银细工已日趋成熟，如掐丝、垒丝、炸珠、焊接、镶嵌等，其中特别重要的成就是发明了金粒焊缀工艺，即将细如粟米的小金粒和金丝焊在金器表面构成纹饰。到汉代，银器作用范围已较广，也有较多的容器和小件服御器，如银画、银盒、银盘、银碗、银带钩、银指环、银钏、银铺首、银车马具等。山东临淄西汉齐王墓陪葬坑中还出土了两件银盘，器腹均饰以鎏金花纹。这种器腹饰鎏金花纹的银盘，即金花银盘，在唐代曾成为金银器中最主要的品种之一。

（四）玉器

东周、汉代玉器类型上前后略有变异，但装饰风格仅有细部变化，呈现一脉相承的趋势。当时的装饰图案有几何纹和神兽纹两大类。几何形花纹有涡纹、方格纹及由此衍化而来的谷纹、蒲纹，还有勾连云纹、卧蚕纹、乳丁纹等。几何纹都为平面起纹，线条布满器身，疏密有致，阴阳相辅，粗细互衬，充分显示出铁质工具给玉器装饰风格带来的革命性变化。神兽纹有蟠螭纹、螭虎纹、鸟首纹等，或龙虎相争，或龙凤相配，或穿云出雾，或腾身踞地，洋溢着生命的活力。表现手法透雕、浮雕兼有，细部加阴线描绘。东周、汉代玉器装饰绚丽是当时学术自由、文化发达、社会繁荣的客观反映，是中国玉器装饰的成功范例。

（五）家具

几、案、屏风、箱子等其他小型家具，是中国目前已知最早的一组木制家具，制作细巧、图案丰富、雕刻精美，反映了战国时期的家具制作、髹饰雕刻及彩绘技术已达到了相当高的水平。其中，榫卯结构技术为后世家具发展奠定了基础。如历代家具制作沿用格肩榫、透榫、燕尾创制而成的一类家具，当时仅流行于宫廷与贵族间，主要用于战争狩猎。胡床因床面用绳带交叉贯穿而成，所以又称绳床，可以收起，类似今天的马扎，结构十分轻巧，易于携带。后代的木交椅、今天的折叠椅凳，均由胡床发展而来。

（六）其他

汉代的丝织工艺以经锦为主，这是一种经丝彩色显花的丝织品，纬线只有一色，而经线多至三色，由经线显出织物的花纹。

汉代的画像砖石描写神话故事，反映现实生活；结合具体材料和制作工艺，进行刻画、模印或绘画，表现手法多样。

四、魏晋南北朝时期

（一）瓷器

瓷器的发展经历了从青瓷到白瓷，又从白瓷到彩瓷的几个阶段。东汉后期，烧制青瓷的技术已基本成熟，经三国两晋到南北朝，青瓷、黑瓷烧制技术得到进一步发展。制瓷业已从南到北扩展到全国，制瓷技术也有很大提高。

魏晋南北朝的瓷器普遍作为日常生活用器，主要代表瓷器是青瓷。北朝青釉仰覆莲花尊是具有时代特色的青瓷作品。

北方烧制青瓷约始于北魏晚期，从此青瓷生产形成两大系统，互相影响、互相促进，推动了制瓷业的迅速发展。南北朝时制瓷技术的突出成就是，北齐时北方成功地烧出了白瓷，之后又出现了白釉挂绿彩的彩瓷。白瓷的出现是陶瓷发展史上划时代的大事，对瓷器的发展有重要的意义。有了白瓷，才有青花、釉里红、斗彩、五彩、粉彩等各种彩绘瓷器。但烧制白瓷很不容易。瓷土中普遍含有呈色性很强的铁，如果瓷土中铁的含量超过 1%，烧出的瓷器便呈灰白色，含量越多，颜色越重。白瓷是白胎白釉，为了使胎、釉白净，必须把胎料和釉料中铁的含量降到 1% 以下。白瓷的烧制成功说明了瓷土筛选技术的提高。河南安阳北齐武平六年（575 年）范粹墓出土的白瓷碗、杯、长颈瓶等，是目前所知最早的白瓷器，其釉层薄而滋润，釉色乳白，说明当时已掌握烧制白瓷的技术。

青瓷在我国长期是制瓷业的主流，历久而不衰。这一时期的青瓷胎质坚实、通体施釉、釉层较厚、釉色青绿中带灰色或黄色，但尚含有杂质，胎质也发红。青瓷的生产可分为南、北两个体系。南方青瓷造型比较秀气，江苏、浙江、安徽、福建等地都出土大量青瓷器。浙江是全国的青瓷生产中心，大体可分为越窑、瓯窑、婺州窑、德清窑四个系统，尤以绍兴、余姚一带的越窑（又称“会稽窑”）最为兴盛，品种多样，工艺精美，瓷胎含铁量增加。永嘉、温州一带的瓯窑以淡青色玻璃釉青瓷著称，在晋代被称为“缥瓷”。德清窑以烧制成稳定的黑瓷著名。浙江金华一带的婺州窑首先采用了化妆土技术。北方青瓷浑朴厚重，如河北景县出土的青釉六系莲花尊，器形高大雄伟，用雕刻、堆塑等技法装饰，具有很高的水平，但瓷窑发现不多。

此时期与东汉相比较，瓷器装饰更为丰富多彩，技巧也较高，多用刻花、压印、贴花、堆塑、雕镂、釉彩等工艺，装饰内容有图案、花草、动物、人物建筑、彩绘等。有的器形作动物状，如卧羊、熊灯等。一些容器的器形可与装饰巧妙结合。三国至晋初，出现一种随葬的明器谷仓罐，在肩部堆塑楼阁、人物、禽兽等。南北朝时由于受佛教影响，流行莲花纹饰。东晋后青瓷上常加上酱色釉彩斑，此外还烧成了黄釉、黑釉、黑褐釉、褐黄釉等釉彩。瓷器种类日益繁多，主要有尊、壶、罐、钵、碗、盘、杯、盒、瓶、盂、洗、灯、熏、虎子、盥盆、水注等，表明此时陶瓷器皿已开始取代铜器和漆器的地位，成为人们的主要生活器皿。而各地出土的瓷器和瓷窑之多，也表明此时瓷器生产已成为一个重要的手工业生产部门。至南朝时，龙窑技术已比较成熟，一些瓷窑已有相当规模，如浙江萧山上董青瓷窑址，长达 250 米，便于利用瓷窑的空间和热量，还使用了许多窑具，特别是匣钵，既可防污染，又可避免釉层的一些化学变化，有利于烧制精美的瓷器。这些窑具一直为后世所沿用。

（二）家具

魏晋南北朝以后，随着生产技术的发达和民族文化融合，屋内家具有了较大的发展。此期由于建筑高度的不断增加，家具高度相应提高。如晋代大画家顾恺之的《女史箴图》中，床的高度与今天的床相差无几，虽说当时人们席地而坐的习俗仍未改变，但床的增高，使人们不仅可跪坐于床上，也可垂足坐于床沿。

这一时期，西北地区的少数民族大量进入中原，东汉末年传入的胡床逐渐普及到民间。与此同时，还输入了各种形式的高坐具，如椅子、方凳、圆凳、束腰形圆凳等，这些新型家具对改变人们的起居习惯、促进传统家具的发展产生了一定的影响。

五、隋唐时期

隋唐两代是中国封建社会的鼎盛时期，重新统一的多民族国家进一步巩固发展，封建经济文化、科学技术空前繁荣发达，给后世以深远的影响。

（一）瓷器

隋唐时期是我国制瓷业的繁荣时期。制瓷业已从陶瓷业中独立出来。制瓷工艺有很大的进步，瓷窑遍布全国，出现了一批名窑，瓷器已成为人们日常生活所不可缺少的器皿。

隋唐时期瓷器的装饰手法充满生活气息，绘画、划花、刻花、印花、堆贴、捏塑等手段都得到了充分展示。在纹饰内容上，主要以花卉和人物为主，花卉如忍冬、莲花、梅花、菊花等，人物以舞蹈、杂耍艺人形象最为生动，这反映出大唐盛世时文化生活的发达。

色彩斑斓、生动多姿的唐三彩以富于浪漫与豪放的风采体现出盛唐气象，是制陶史上的瑰宝。

（二）金属器

唐代是我国金银器制作的繁荣时期。唐代金银器制作于8世纪中叶进入全盛时期，其造型与纹样深受波斯萨珊王朝的影响，但多为西方器型、东方纹样。其品种有杯、盘、碗、筷、壶、罐、盒、画、熏炉和首饰等，造型圆润丰满，规整而有变化，装饰风格繁缛、富丽，多錾刻苍草、团花及龙凤纹，晚唐装饰风格趋于写实。

唐代一般铜器生产已趋向衰落，只有铜镜生产有所发展，铸造质量很高，锡、铅成分增多，色泽洁白如银。如扬州铸镜十分著名，是重要贡品，有一种叫作江心镜，其镜面磨莹如水。太原铸镜也是贡品。由于唐玄宗将其生日定为"千秋节"，在这一天宴请并赏赐百官铜镜，因此民间竞相仿效，甚至将铜镜作为新娘必备的嫁妆。唐镜面貌一新，突破了传统的圆形和方形，创制出八棱、菱花、八弧、四方委角、海棠花等式样；图案有人物、花鸟、海兽、葡萄纹、麒麟、狮子等，层出不穷；装饰技法出现了螺钿镶嵌、金银平脱等新工艺。

（三）其他

唐代以纬锦为主，并达到很高的水平。唐锦的艺术风格富丽绚烂、清新流畅；图案花纹多为花草禽兽、几何图案及文字，又可分为联珠纹、团窠纹（团花）、对称纹、散花、几何纹等。

唐代是中国古代最辉煌的时期，通过连接欧亚大陆的"丝绸之路"，唐代文明与西方文明相互交融、共同繁荣。宋元时期的东西方交流虽不如前期，但这种文化兼容的历史印记，也被深深地刻在玉器装饰的主题上。唐代玉器装饰有传统的龙凤呈祥、仙鹤拜寿、牡丹富贵，更有飞天、胡吹伎、胡商贩、摩羯鱼等外来题材。雕刻技法是四周平地起线，画面半浮凸，富立体感，阴线细描，纹丝不乱。剪影式的透雕玉器增加，多为动物题材。宋元玉器传统题材的文人情趣，与当时绘画艺术并驾齐驱，花鸟虫兽、龟巢荷叶较常见。北方契丹、女真、蒙古诸民族，招募汉族琢玉高手或吸收汉族琢玉特技，摄取日常生活的典型素材，刻描在能随身佩戴的小件玉器上，以小见大，其画面具故事情节。"春水""秋山"玉饰，折技花饰是这时具民族特色和时代特征的典型装饰题材。其表现手法不见唐代的细密阴线，而广泛采用浑厚的透雕，背景衬托画面，主题鲜明突出。俏色玉的娴熟运用，使雕塑与绘画有机结合，内容与色泽相统一，呈现题材更具真实感。

中国历史上的隋唐五代是建筑发展的成熟时期，家具亦相应发生了显著变化，开始由低型向高型全面过渡。这时，垂足而坐的休息方式逐渐普及，但席地而坐的起居习惯依然广泛保留着，因此出现了高低型家具同时并存的局面。家具的品种在这个阶段有很大发展，如在敦煌壁画、五代《韩熙载夜宴图》《勘书图》等绘画中，已可见到诸如短几、长（短）案、方（圆）案、高低桌、方（圆）凳、靠背椅、扶手椅、藤墩、床、榻、巾架、箱柜、柜橱、屏风等各类家具形象，后代家具类型至此已基本齐备。隋唐五代的家具式样简明、朴素、大方，线条柔和流畅，床榻上常用壶门装饰，髹漆家具上已开始使用螺钿镶嵌技术。适合于垂足而坐的高型家具，在隋唐五代时，主要流行于上层社会，民间尚属鲜见。宋辽金时期，席地而坐的习俗，已完全为垂足而坐所取代，桌、椅、凳等高型家具得到普及，并衍化出许多新的家具品种，如圆（方）高几、琴桌和床榻上的小炕桌等。这一时期的家具在结构和造型方面有较大的变化，梁柱式的框架结构取代了隋唐、五代时期常用的箱形壶门结构，造型也较前代更加秀气轻巧。同时，家具上还开始大量运用装饰性线脚，如束腰、枭混线、多边形、凹角断面等；牙板外膨、腿足上部向内弯曲、下部里勾或外翻呈马蹄形等做法，亦是这一时期的创造。

六、宋元时期

（一）瓷器

宋代是我国陶瓷艺术发展的高峰期，除官窑之外，民间的汝窑、钧窑、定窑、龙泉窑深受朝廷和民间的喜爱。江西的景德镇在唐朝已初露端倪，到了宋代，景德镇瓷器达到了质细、胎薄、色润的水平。宋景德年间，真宗皇帝命之为贡品，景德镇从此名声大振。独具风格的瓷窑体系已经建立，各窑之间风格迥异、色彩纷呈，如定窑的刻花、划花，耀州窑流行的印花，磁州窑的黑色彩绘等各具特色；装饰纹样的题材也大大超过了隋唐时期。花卉题材千变万化，成为宋代各窑系的主要装饰题材，也经常使用寓意吉祥美满的花卉、动物组合纹饰。人物山水彩绘的场面宏伟，与宋代的中国画特点十分贴近，同时融入民间艺术特色，显得逸趣横生。

元代是瓷器发展史上承前启后的重要阶段。制瓷技术有新的发展，白瓷成为瓷器的主要品种，并逐步向彩瓷过渡；青花和釉里红兴起；彩绘由三彩发展到五彩戗金。吉州窑等一些窑场衰废了，景德镇逐渐成为全国制瓷业的中心。

（二）缂丝

缂丝是源于中国的传统工艺品，以其独特的织造工艺和精湛的艺术表现而著称。缂丝的制作以本色生丝作为经线，彩丝作为纬线，通过手工"通经断纬"的技法，巧妙地织造出正反面图案色彩一致的精美织物。这种技法要求织工在织造过程中，根据图案，不断地更换不同颜色的纬线，使得图案在织物上呈现出丰富多彩的效果。而这一切，都需要织工们具备高超的技艺和丰富的经验。缂丝的魅力不仅仅在于其独特的织造工艺上，更在于其深厚的艺术底蕴上。在宋代，缂丝的创作多以画作为底本，使得缂丝作品不仅具有实用性，还展现了宋代绘画的精髓和神韵。北宋缂丝织幅超过唐代，多作书画裱首。南宋缂丝以摹制画院风格的书画为能事。北宋时定州（今河南定县）缂丝最为有名，后因宋金之战后，北宋与南宋交更替，政治和经济中心也随之战略南移到临安，缂丝也由发源地定州，迁移到了南方苏杭一带，因此，南宋时镇江、松江、苏州都盛产缂丝。

（三）金银器

宋元时期的金银器多出自窖藏，少部分出于墓葬和塔基，其金器多为饰件，银器多为生活与宗教用品，加工方法分别采用钣金、切削、抛光、焊接、压印、模冲、錾刻、锤揲、镂雕、鎏金等传统工艺，并有所创新。元代金银器在品种上还有所增加，出现金碗、金盘、金杯、银夋、银镜镜架、银篦、银刮、银刷银针、银剪、银脚刀等。宋元时期的金银器以器形设计构思巧妙为特征，在装饰上继承和发扬了唐代的传统，并采用新兴的立体装饰、浮雕形凸花工艺和以镂雕为主的装饰技法，将器形与纹饰和谐结合，使之具有鲜明的立体感和真实感。花纹装饰的题材大致有花卉瓜果、鸟兽鱼虫、人物故事、亭台楼阁及錾刻诗词五类，有的器物上还有款识，除少数刻有年款及标记重量、寓意的杂款外，多为打印金银匠户商号名记的款识，如"周家造""张四郎""丁吉父记"等，表明了宋元时期以后民间金银器制造业的繁荣状况，并且更为商品化。

（四）玉器

玉器自宋代逐渐成为买卖商品，进入市场流通后，至明清时期已走出王公贵族门殿，进入寻常百姓家。百姓也寄情于玉器，期望于玉器给他们带来福祉。玉器制造商也投民众所好，大量生产百姓喜闻乐见的吉祥图案玉器，有"洞宾松鹿""麻姑献寿""八仙奉寿""观音渡仙"等八仙图；也有以八仙所执器物葫芦、扇子、宝剑、花篮、荷花、横笛、渔鼓、阴阳板代替八仙人物的"暗八仙"，均含祝福庆寿之意；更有象寓"太平有象"、双鱼寓"年年有余"、荔枝意"一本万利"、羊表"吉祥"、蝠鹿表示"福禄"等文意。

七、明清时期

（一）家具

明代前期，社会政治相对稳定，海禁开放，城乡经济繁荣发达，市镇频频崛起。与此同时，私家园林如雨后春笋般出现，于是，社会上对家具的需求量剧增，对家具的质量亦是精益求精。

当时，为制造高档家具，从南洋等地大量进口名贵木材，家具的制作技术和规模发展迅速，手工作坊陆续兴起，从而促使明代家具艺术在嘉靖以后，进入了一个辉煌的黄金时代，达到了当时世界上的最高水平。

（二）瓷器

明清制瓷中心在江西景德镇。明宣德年间的青花瓷呈色深沉雅静，烧制得非常成功。清代康熙年间的青花瓷釉色层次丰富，有"康青五色"之称。明清的颜色釉瓷十分发达，品种有"甜白""霁红""娇黄""洒蓝""碧玉釉"等，其他著名品种有"斗彩""五彩""粉彩""珐琅彩"等。

明代瓷器特点是以青花为主的瓷器釉色得到空前发展，同时出现了斗彩、五彩的彩釉瓷。青花瓷从元代到明初永乐、宣德年间采用了进口的钴料"苏泥勃青"，所以这一时期的青花瓷色调不够稳定、浓艳，色呈靛蓝，并出现铁锈斑痕和晕散现象，后世很难仿学。宣德以后的青花瓷釉料多采用国产钴料，提炼纯净，色调稳定，淡雅柔和。其间也有变化，如正德年间使用瑞州石子青料，在烧成后的青花彩中，蓝中泛灰，成为特色。嘉靖年间，将瑞州青料与云南产的回青料相配合使用，青花色显得浓厚了许多。明代宣德朝始创至成化年间，较为有名的新品种是斗彩瓷器。斗彩是釉下青花与釉上彩绘相结合的装饰艺术。先用青色料在胎上绘出纹样的轮廓线，涂上透明釉，烧成淡描青花瓷器，然后在釉上依轮廓内填色彩绘入炉烘烧，使釉下青花与釉上彩绘构成完整画面，人们也将这种做法称为"填彩"。斗彩使用的彩料多为天然矿物，色彩鲜明，其中成化斗彩的釉上彩以鲜红为显著特征，其色艳如血，其他色彩如鹅黄、杏黄水绿、孔雀蓝、葡萄紫等也十分艳丽夺目。斗彩彩绘内容十分广泛，尤以婴戏图、子母鸡图、草虫等最佳。斗彩瓷器一般小巧玲珑，人称"成化无大器"，也是因为成化年间以斗彩瓷器为代表。五彩瓷器在明代也十分盛行，洪武年间瓷器在元代五彩基础上就有所发展。宣德年间，出现了青花和釉上红相结合的新型制瓷工艺。成化年间，用绿彩描绘纹饰，出现了绿彩的特殊品种。正德年间，专以三种素色加以彩绘，人称"正德素三彩"，三种颜色以黄、绿、紫为主色，明净淡雅。嘉靖、万历时期是五彩瓷器的主要发展时期。嘉靖时在原有五彩基础上加入金彩，使器物显得富丽堂皇。

清代瓷器的新釉色更加增多，其中以青花和粉彩瓷器为代表。清代青花瓷器主要采用浙江钴料，康熙时绘画内容多以戏曲人物、祈福求祥图案为主。雍正时，青花色淡而深沉，其间官窑仿明代宣德青花瓷很有特色。由于用笔点加深色来仿造外来钴料所呈现的自然斑，效果不十分理想、不自然，因此时而会露出人为修饰的痕迹。这时的纹饰以龙凤纹为主，其他如人物及吉祥图案也并不少见。乾隆时，青花瓷器图案精美新颖、繁缛多姿，釉色鲜亮、浑厚。纹饰清晰沉重，蓝中泛黑，整体感觉更加明快。乾隆以后，青花瓷器多沿袭清初旧制，缺少特色。清代粉彩瓷器，创于清初康熙年间，为釉上彩，因彩料中含有"玻璃白"粉而得名。色彩较原五彩瓷器更加柔和、淡雅，所以也被称为"软彩"。雍正时，粉彩被普遍使用，图案多为花卉，也有人物、山水画。乾隆时，粉彩开光瓷器创出新意，别有意趣。雍正时，还出现了一种新瓷器，即"珐琅彩"瓷器。珐琅彩是用铜胎画珐琅的彩料施于瓷胎上，所以也被称为"瓷胎画珐琅"，这种瓷器深受当时帝王喜爱。珐琅瓷胎极薄，颜料来自西方，加上绘画精细，技术很难被掌握，不易烧制，所以产品数量很少，极为名贵。雍正和乾隆两朝均有制作，以后就很少见了。清代的单釉瓷中还有几种十分出色的产品。

康熙年间制作的"郎窑红"釉，因江西巡抚兼督陶官名为郎廷极而得名。这种红釉色如凝血，玻璃质感很强，表面开冰片纹，器口垂釉现象突出，十分华贵。另外，康熙时还生产一种"豇豆红"釉，釉面呈浅红色，时有绿斑，酷似红豇豆色，也有人称为桃花红，其色淡而不俗，甜润秀美，由于烧制时温度和空气控制难度相当大，产量也很少，且釉色极易脱落，难于保管。雍正时出现了"窑变釉"。这种新品种出于仿钧釉，釉中呈色剂以红为主，釉质肥厚，艳丽悦目。乾隆时，窑变釉瓷器数量更多。雍正、乾隆时期另一个釉色新品种为"炉钧釉"。它的釉色红中泛紫，红点多，青点较少，状似高粱穗色，故称"高粱红"。其余，如康熙年间创造的"茄皮紫""洒蓝釉",雍正时新制的"茶叶末"釉、"珊瑚红"釉等都各有特色,红极一时。明代江苏宜兴的紫砂器也很著名。

(三)金属器

金属工艺品包括金银器皿、铜器、珐琅工艺。

明代金银器主要出土于江苏南京、安徽蚌埠、云南呈贡、江西南城、湖北蕲春、湖南凤凰、北京定陵等帝王公侯的陵墓。其中,以北京定陵出土者最为精致,它们在工艺上没有多少创新,但金属细工水平十分高超,如金丝编织、掐金丝、镶嵌珠宝点翠工艺等。清代的金银器工艺空前发展。家用金银器主要来自养心殿造办处金玉作及地方督抚所贡。现存精品多珍藏于北京故宫博物院,如铸于康熙五十四年(1715年)的一套中和韶乐金编钟,计16件,总重量达460余千克,每件大小相同,以钟壁的厚薄不同来调节高低不同的音调。地方督抚贡入的金银器主要产于北京、南京、杭州、苏州和扬州等地。传世品中还有不少蒙古族、藏族、维吾尔族等少数民族金银器,如维吾尔族金银器工艺有着明显的地方色彩和阿拉伯情趣,有金鞘小刀。总之,清代的金银器工艺,社会功能更加多样,使用范围进一步扩大,器形、图案也有了较大的变化,其制作手艺之精巧,也为前人所不及,达到了登峰造极的境界。

宣德炉的制造与明初对外开放有关。1428年,工部用从南洋所得风磨铜数万斤,加锌万余斤,铸造了一批小型黄铜香炉。所用铜多至12炼,每斤铜仅存精铜4两,再添加30余种材料,多数来自外国。合金冶炼后,又采用鎏金、渗金、金屑等技法。所成铜器光色焕发,有青绿、黄褐、古铜等60余种颜色,异于寻常铜器,后人称其为宣德炉。

珐琅工艺是此一时期新兴的手工艺,有掐丝珐琅、錾胎珐琅、画珐琅、透明珐琅四种。

(四)其他

明清漆器在宋元的基础上有较人的发展,品种繁多,髹饰技法丰富,主要有罩漆、描漆、堆漆、雕填、螺钿、剔红、戗金银、百宝嵌等。明代隆庆年间,安徽新安(今歙县)漆工黄成所著《髹饰录》,是中国现存唯一漆工艺专著,详细介绍了各种漆器的制作和装饰方法,后传至日本,影响很大。

雕塑工艺也有很大发展。竹刻自明代中期成为专门艺术，分嘉定、南京两派。嘉定派代表为朱松邻祖孙三代，能兼雕象牙、犀角。清代，嘉定竹刻多出高手。康乾年间，造办处创贴黄工艺，以黄杨木为胎，用竹内皮雕纹饰贴于器表。

八、近现代发展时期

1840—1949 年的百余年间，进口以纱布为大宗。到 19 世纪末，全国织布用纱已有约 1/4 为进口洋纱所代替；以后国内纱厂兴起，传统的手工纺纱业遭到重创后衰落。手工织布则情况不同，洋布虽然价格便宜，色彩鲜艳，但其主要消费市场在城市，而在农村，土布依旧有其自给自足的空间。从 19 世纪 30 年代起，洋布、土布产量各占全国用布量的一半上下，直到中华人民共和国成立前都维持在这个水平。

1840 年以后，还出现了新的手工业。在新手工业中，一类是从国外引进的，如火柴、制皂、织袜、毛巾、西药、搪瓷、油漆、铅字印刷、日用化工以及机器、电机、车船的修造等。这些工业进入后，或因机器设备昂贵，或因市场有限，而改用手工制造，以后才逐渐配备机械动力。另一类是 20 世纪以后，为适应商品出口贸易的需要而发展起来的手工业，如抽纱、发网、地毯、猪鬃加工等行业。这些行业的生产以手工劳作为主，产品出口外销，国际市场稳定，业务订单较多。世界大战期间，业务衰落，手工业者在跌宕起伏的经济大浪潮中求得生存。

在西北、西南抗日战争的后方和中国共产党领导的抗日根据地，手工业则普遍发展，并出现手工业的合作化运动。在工业最发达的上海，作坊和工场手工业的数量仍然是近代工厂数量的 3 倍。广大城镇和农村当然更是手工业的天下。

简而言之，中国近代手工业仍是人民生活用品的主要来源。19 世纪 20 年代以后，部分手工业向机制工业过渡，手工业的比重可能降低，反映了在半殖民地半封建条件下，中国工业革命步履蹒跚，中国人民包括手工艺者，在备受帝国主义列强的侵略、掠夺和连年战争的艰难处境中过着悲惨的生活。手工艺就是在这样的艰难条件下延续着。

九、当代发展时期

20 世纪 60 年代，中国提出要对传统民族品牌，尤其是传统工艺美术品（即传统手工艺品）采取保护、发展、提高的方针，根据这一方针，国家制定了一系列具体措施，以便为传统手工艺的发展提供便利和支撑。具体措施包括提高传统手工艺人的生活待遇，并为其提供学习机会等；加强工艺美术设计工作，改进产品以便满足人民群众的生活需要和生产需要，并推动传统手工艺品适应市场供求关系的变化；支持传统手工艺人大力培养新艺人，并实行包教保学，允许师傅选择徒弟等。这些具体措施，为传统手工艺的发展提供了保障。

1978年改革开放之后，中国工业化进程和城市化进程的加快，使得以机械化、自动化为先进生产力代表的发展模式逐步成为主流，在借鉴欧美等国的手工艺受到工业化发展冲击后对其进行保护和注重传承的经验，中国在改革开放后就将保护、传承传统手工艺的发展提上日程，使传统手工艺在现代化、工业化发展进程和挑战中，获得一席之地。

2003年，联合国教科文组织在第32届大会上通过了《保护非物质文化遗产公约》。这一公约的通过，旨在进一步强化对非物质文化遗产的保护工作，确保这些珍贵的文化遗产能够得到充分的保护和传承。2004年8月，中国正式加入《保护非物质文化遗产公约》，公约在2006年4月正式生效。

2011年，中华人民共和国全国人大常委会通过《中华人民共和国非物质文化遗产法》。这一法案的颁布，不仅标志着我国非物质文化遗产保护工作迈入法制化、规范化的新阶段，更展现了国家对传承和弘扬中华民族丰富多样文化遗产的坚定决心。《中华人民共和国非物质文化遗产法》的出台，具有里程碑式的意义。该法案明确了非物质文化遗产的定义和范围，规定了保护工作的基本原则和制度，强化了政府和相关部门的职责，为非物质文化遗产的传承与发展提供了有力的保障。其中，将传统技艺列为保护对象，更是对传统手工艺传承人的极大鼓舞和激励。

在现代社会和经济发展背景下，中国传统手工艺的保护和传承已经被纳入非物质文化遗产保护的范畴，这无疑强调了中国传统手工艺的文化核心，即传统手工艺是一种以人为载体的活态传承文化形式，其主要的文化特质表现在人的手工生产、个性化审美融入、天然材料的选用和地域民族文化风格等方面。从更深的角度来看，传统手工艺甚至集中反映了民族、地域曾经拥有过的生活和生产方式，具有非常深远且厚重的文化含义。

但传统手工艺的文化核心特征，也使得传统手工艺的保护和传承成为难点，主要是因为传统手工艺在非物质文化遗产之中属于极具经济特性的行业和产业。传统手工艺只有关注市场、明晰市场关系和经济特征、将技艺审美和实用价值等与现实生活相结合，才能够拥有更为长远和无限的发展潜力。

第三节　非遗手工艺研究现状

在历史上的一段时期内，传统手工艺并没有完全被重视，对它的保护、传承及学科建设缺乏关注，以致许多珍贵的传统手工艺陷入濒危甚至湮没失传的境地。在当代新的语境和发展时期下，有必要对手工艺的内涵、本质特征有一个清晰的再认识，从而为开创传统工艺保护和振兴的新局面扫除障碍。

一、手艺的定义

在人类文明的初期，人类依赖双手和其他肢体部位，结合简易的工具和机械，开启对物质世界的创造之旅。这种创造行为就是手艺或手工技艺，这一劳动方式旨在构建人工的自然。手艺不仅是物质的产物，更是一种精神价值的体现。它不仅仅是技术的结晶，更蕴含了艺术的魅力。通过双手的巧妙操作，人类将原材料转化为具有实用性和美感的物品，这种转化过程本身就是一种艺术创造。在社会分工和经济体系中，手艺被归类于手工业，亦被称为手工技术、传统工艺或传统手工艺等。通过手艺，人类不断改善生活质量，推动社会进步，实现文化的传承和发扬。手艺作为人类生存和发展的基础劳动形式，从古代延续至今，并将继续传承下去。

二、传统手工艺的定义

2017年，《中国传统工业振兴计划》将"传统工艺"定义为："具有历史传承和民族或地域特色、与日常生活联系紧密、主要使用手工劳动的制作工艺及相关产品，是创造性的手工劳动和因材施艺的个性化制作，具有工业化生产不能替代的特性。"[1]

根据以上对传统手工艺的概念阐释，可以将"传统手工艺"定义为一种工艺技术及制作产品。传统手工艺产品由手工技艺人通过手工劳动或适度借助工具制

---

[1]　中国经济网. 甘肃省文化厅制定方案贯彻落实《中国传统工艺振兴计划》[EB/OL].（2020-11-12）[2023-9-20]. http://www.ce.cn/culture/gd/201801/11/t20180111_27691514.shtml.

作而成，具有高度的审美价值、经济价值和实用价值，体现着手工艺人高超的技艺。以下是传统手工艺的几个关键特征：

（一）手工性

传统手工艺是由手工艺人借助双手创造出的作品，人的双手是传统手工艺的天生工具，每一道工序都是用手完成的。

（二）实用性

传统手工艺建立在具有实用价值的基础上，传统手工艺人制作工艺产品都基于一定的社会生产和人类生活需求。

（三）艺术性

从文化价值的视角审视，传统手工艺在现代社会中具有重要意义，其不仅满足了民众日常生活的实际需求，而且作为民族文化的载体，对人类精神世界的滋养具有不可替代的作用。传统手工艺不仅仅是技术和技巧的传承，更是对民族文化、历史和传统的独特表达。传统手工艺品的艺术性和文化内涵是工业化生产所无法替代的。每一件传统手工艺产品都凝聚着手工艺者的心血和情感，他们深知自己肩负着的使命，坚守着这些珍贵的技艺与文化。

三、非遗手工艺的定义

手工艺类非物质文化遗产是人类智慧与创造力的结晶，是传统文化的生动展现和活态传承，蕴含着丰富的文化内涵和独特的艺术魅力，展示了各族人民的思想智慧。手工艺类非遗在非物质文化遗产中占据重要地位，这是因为它们不仅具有艺术性，还具备生产性。这些手工艺作品不仅是文化的重要组成部分，也是经济发展的有力推动者。

在当前文化全球化进程不断推进的时代背景下，文化的交流与碰撞日趋频繁，我国也日益重视对手工艺类非物质文化遗产的保护与传承。这不仅是对传统文化的尊重与传承，更是增强文化自信、提升国家文化软实力的重要举措。手工艺类非物质文化遗产是中华优秀传统文化的重要组成部分，承载着中华民族几千年的智慧和情感，展现着中华民族独特的审美追求和文化底蕴。然而，随着现代化的进程加速，许多传统手工艺正面临着传承和发展的困境。为了保护和传承这些珍贵的文化遗产，我国政府和社会各界纷纷采取措施，加大对手工艺类非物质文化遗产的保护力度。同时，应加强对手工艺类非物质文化遗产的宣传和推广，让更多的人了解和认识这些传统文化的魅力。通过举办展览、开展文化交流活动等方式，让手工艺走向世界，展示中华文化的独特魅力。

四、非遗手工艺的传承与发展

传统手工艺技术的传承方式大致上分为两种：一种是以血缘关系为基础的"家族师徒制"，一种是无血缘关系的"民间拜师学艺师徒制"。传统的手工技艺中饱含了老一辈手工技艺人对于传统手工艺的热爱，在不断地练习和作品完成的过程中，匠人传承的是老祖宗对手工艺品的智慧和热忱。不管是"家族师徒制"，还是"民间拜师学艺师徒制"的传承方式，都对传统手工艺的传承和发展起到了不可忽视的作用。正是因为有了这样"口口相传""面对面教学"的传统方式，才使得我国优秀的传统文化得以留存，使得后人能够领略老一辈人的智慧。

在日新月异的现代社会中，手工艺类非物质文化遗产的传承与发展受到前所未有的关注与挑战。随着科技的发展，传播媒介也在发生变化，不再局限于传统的报纸、广播、电视等媒体。互联网、社交媒体、AR/VR技术等新兴媒体及技术的出现，为人们提供了更广阔、更灵活的传播平台。在这样的背景下，如何使手工艺类非遗更具活力，吸引更多公众的关注，成为亟待解决的问题。手工艺类非遗作为中华民族文化的重要组成部分，承载着丰富的历史、文化和艺术价值。因此，需要从多个层面出发，探讨如何推动手工艺类非遗的传承与发展。此外，还需要在传播策略上进行创新，必须结合当代社会的传播特点，采用多种形式的宣传手段，让更多的人了解和关注手工艺类非遗。手工艺类非遗的传承需要有一支既具备文化底蕴又精通工艺技能的传承人队伍。因此，需要加强对传承人的培养和教育，提高他们的技艺水平和文化素养。同时，还应鼓励更多的年轻人加入手工艺类非遗的传承中来，为他们提供更多的学习和实践机会，让他们成为传承和发展的重要力量。

第四节　非遗手工艺的传播发展建议

一、强化非遗手工艺人才队伍建设

在手工艺类非物质文化遗产的创造与实践中，每一个环节都以人为主体。在这些无形的文化遗产中，人不仅仅是传承的载体，更是创造与革新的源泉。手工艺人用自己的双手，将这些传统的手艺转化为具有时代特色的艺术品，使其在新的历史条件下焕发出新的生机与活力。在守护与传承非物质文化遗产的过程中，相关部门和从业人员肩负着不可推卸的责任和使命，他们不仅需要具备深厚的专业知识和技能，更要有对传统文化的敬畏之心和热爱之情。特别是在手工艺领域，技艺人才的培养显得尤为重要。这些人才不仅需要掌握传统的技艺，还要具备创新的能力，以便在传统的基础上不断推陈出新，满足当代社会的审美需求。然而，技艺人才的培养并非一蹴而就的事情，需要时间的沉淀和实践的磨砺，需要从业人员在长期的实践中不断摸索和总结。因此，为了确保手工艺类非遗能够持续传承与发展，必须重视对非遗手工艺人才的培养。

在科技日新月异、飞速发展的当今时代，信息资源的获取、提炼和共享越来越重要。在非遗手工艺领域的信息资源不仅涉及传统文化知识，还包含各种手工艺技能和艺术审美。因此，需要一批能够巧妙结合文化、艺术、科技等多维度信息资源的复合型人才，来推动非遗手工艺的传承与发展。他们不仅要对传统手工艺有深入的了解和研究，还需要具备实际操作的能力和丰富的实践经验。他们应该能够熟练掌握各种传统手工艺技能，并能够将这些技能传承下去，使后代能够继续学习和发扬。随着科技的发展，互联网和新媒体成为信息传播的重要渠道。因此，这些人才需要掌握现代科技手段，来打造具有影响力的手工艺传播平台。通过这些平台，他们可以将传统手工艺介绍给更多的人，并吸引更多的年轻人加入非遗手工艺的传承与保护中。

要构建一支充满活力、技艺高超的非遗手工艺人才队伍，首先需要积极推动非遗手工艺的传播。这不仅是为了让更多的人了解、欣赏这些独特的文化遗产，更是为了激发大众对非遗手工艺的兴趣和热情，从而扩大潜在的传承人队伍。在现代社会，信息传播的速度之快和范围之广都达到了前所未有的程度，可以综合运用线上和线下的多种传播手段，全面展现非遗手工艺的魅力和价值。其次，政府和社会各界应持续加大对非遗手工艺的扶持力度。在政策层面，可以制定更加完善的非遗保护政策，为传承人提供培训和指导，帮助他们提高技艺水平和市场竞争力；在资金层面，可以设立非遗手工艺发展基金，为传承人和企业提供税收减免、贷款优惠等经济支持，降低他们的经营成本，提高盈利能力。还可以通过吸引社会资本、引导企业参与等方式，共同推动非遗手工艺产业的发展。为了进一步提升非遗手工艺专业人才的培养质量，必须持续优化现有的培养模式，并建立起一套健全的非遗手工艺传承、传播人才培养机制。非遗手工艺传承企业可以积极与职业院校建立紧密的合作关系，形成"产学研"一体化的培养模式。通过这种订单化模式，企业可以根据自身的需求，定制培养方案，确保所培养的人才能够直接满足企业的实际需求。此外，还应充分发挥高等教育在非遗手工艺人才培养中的重要作用。高校拥有丰富的教育资源和科研实力，可以为非遗手工艺的人才培养搭建更为广阔的平台。

二、加快非遗手工艺传播创新渠道

随着历史的演进和时代的变迁，社会在不断地向前发展，深刻地影响了人们的生活方式和思考方式。在这个大背景下，手工艺类非物质文化遗产也面临着如何适应新环境、焕发新生命力的挑战。为了实现手工艺类非物质文化遗产的长期发展，必须加快其传播创新的步伐。要拓宽传播渠道，同时注重提升非遗手工艺的实用价值，使其能够更好地融入人们的日常生活。

媒介技术的不断革新为手工艺类非物质文化遗产的传承与发展注入了新的活力，为其传承提供了新的契机，同时也为非遗手工艺的保护和传播提供了新的途径。作为当代信息传播的重要工具，互联网技术为非遗手工艺的推广提供了极大的便利。多样化的媒介形式使非遗手工艺的传播更加生动、直观，也让更多人有机会深入了解其背后的文化内涵、艺术风格和历史背景。此外，新媒体传播平台还为非遗手工艺的数字化保存提供了可能。通过数字化技术，这些手工艺的制作技艺、历史脉络和文化特色得以永久保存，有效避免了因时间流逝和传承中断而导致的文化遗产流失。

随着科技的飞速发展和互联网的普及，人们有了更多传播和推广非遗手工艺的渠道和方式。微信、短视频、移动应用和电商平台等新型传播工具为非遗手工艺提供了更加广阔的舞台，使得受众能够以个性化、场景化、生活化的形式接触和了解这些文化遗产。尽管新媒体在传播速度和覆盖范围上具有显著优势，但仍需重视传统传播方式的价值。通过线下参观，观众能够亲身感受到非遗手工艺的精湛技艺和独特魅力，从而留下深刻的印象。为了进一步提升非遗手工艺的传播效果和市场竞争力，必须积极探索和丰富线下传播渠道，拓展线下展示与传播的空间。在构建非遗传播体系时，应充分利用新媒体的传播优势，同时结合线下体验，形成线上、线下相结合的非遗传播模式。

当今时代数字技术飞速发展，显著拓宽了非遗手工艺的传播渠道。数字化技术不仅极大地丰富了非遗手工艺的传播内容，还在传播形式上实现了前所未有的创新，让更多人有机会近距离地感受非遗手工艺的魅力。以往，非遗手工艺依靠视频传播受限于视频的制作水平和传播渠道，很难将其独特的魅力完全呈现给受众。如今，通过高清摄像、后期剪辑等数字化手段可以多角度、多层次地展示非遗手工艺的制作过程、技艺特点和文化内涵，使观众身临其境，亲身感受手工艺人的精湛技艺和他们对传统文化的坚守。要深入挖掘非遗手工艺的情感和精神内核，通过故事化的叙述、情感化的表达，让观众在欣赏手工艺品的同时，也能更加深入地了解非遗手工艺所蕴含的深厚文化底蕴。

三、进行非遗手工艺品牌化建设

非遗手工艺作为中华民族传统文化的重要组成部分，不仅承载着深厚的历史文化底蕴，还具备着独特的经济价值。在全球化的大背景下，要加速推进非遗手工艺的产业化发展。要充分意识到建设品牌的重要性，注重品牌意识，让非遗手工艺的独特魅力得以充分展现，进一步实现文化的传承与创新。在品牌化建设的过程中，需要深入挖掘非遗手工艺的文化内涵，结合现代审美和市场需求，设计出具有独特辨识度和吸引力的品牌形象。信息时代的传播渠道和方式多种多样，需要充分利用各种媒体平台，让更多的人了解和认识到非遗手工艺的独特魅力。

在探寻和塑造手工艺类非物质文化遗产的品牌文化时，要深入挖掘其内在的文化资源。这些资源不仅是手工艺类非遗独特魅力和价值的源泉，更是其与工业化产品形成鲜明对比的关键。要对手工艺类非遗的独特工艺流程进行系统的梳理和研究，这些工艺流程往往历经数代人的摸索和积累，蕴含着丰富的经验和智慧。这种对于工艺流程的深入挖掘，不仅有助于提升手工艺类非遗的品牌形象，还可以为传统手工艺的传承提供有力的支持。手工艺文化体现了人们对于生活的热爱和追求，而工匠精神则是对精湛技艺和品质的执着追求，这些文化和精神在手工艺类非遗产品中得到了充分的体现，使得这些产品不仅具有实用价值，更具有深厚的文化内涵。在品牌文化建设中，应该充分展现这些文化和精神，让更多的人了解和认可手工艺类非遗的价值。

在品牌建设的过程中，必须深刻认识到共性与个性的有机结合对非遗品牌化的重要性，并始终遵循品牌建设的客观规律。在品牌的外在呈现上，要倾注心血去设计独特的品牌符号，其不仅是品牌形象的直观体现，更是品牌在消费者心中留下深刻印象的关键。因此，必须精心设计每一个元素，确保它们既能吸引消费者的眼球，又能准确传达出品牌的核心价值和精神内涵。品牌推广和宣传同样重要，要通过多种渠道和方式来传播品牌故事，提升品牌影响力。同时，还应注重与消费者进行互动和沟通，听取他们的声音，了解他们的需求，以便不断调整和优化品牌策略。此外，还要尊重和保护传统手工技艺的独特性和原创性，同时也要积极探索传统元素与现代元素的有机结合，使传统技艺焕发新的生机和活力。

第二章 非遗衍生品设计概况

市场发展论认为，在市场经济条件下，传统的非遗文化必须通过创新与再设计开发才能更好地融入现代生活。通过市场产业化的组织运作发展非遗文化产业，让非遗重回日常生活。

非遗衍生品设计是一项牵涉政府、专家、市场、传承人群等多元主体的系统性实践。随着现代化经济建设，非遗文化日益丰富和发展，从而产生了丰富多彩的衍生品。本章是非遗衍生品设计概况，详细阐述了衍生品设计、非遗衍生品设计发展对策等内容。

第一节　衍生品设计

一、衍生品的定义

在文化传承与保护工作中，文化衍生品的开发与设计具有重要意义。非遗文化本体是非遗文化的根基和灵魂，承载着历史的记忆和民族的智慧，是非遗保护工作的核心。然而，单纯依赖非遗文化的本体并不足以确保非遗文化的持续发展。因此，衍生品的产生与发展成为非遗文化科学保护和高效传承的重要途径。衍生品作为非遗文化的一种变体，是对本体的创新性再现和发展，体现了文化的传承与创新，其不仅能够满足现代社会的审美需求，同时也为非遗文化的传承与延续注入了新的活力。在非遗文化的传承过程中，衍生品的存在与发展不仅丰富了非遗文化的内涵和外延，更赋予了非遗文化鲜明的"活态性"和"多样性"特征。因此，必须高度重视非遗文化衍生品的开发设计，加强科学保护和高效传承工作。通过制定科学有效的保护措施和传承机制，推动非遗文化的本体与衍生品相互促进，为中华优秀传统文化的传承与发展作出积极贡献。

一般说来，衍生品就是在保留原有事物的基础上，提取其优秀的方面，逐步将其演变成新的事物，也就是以艺术品为源头所衍生出来的产品。由艺术家将自己的作品授权给各大机构，以他们的艺术作品为背景，在保留他们作品的文化思想的前提下，设计出相关的艺术产品，为市场经济注入新鲜血液。因其以概念为延伸点进行创作而形成，它亦可被称为艺术品衍生品。同时，其也是一种新型的商品，较之普通商品，它又有了艺术家的参与和创造。由此看来，它是具有艺术附加价值的特殊产品。

衍生品是一种新兴的文化产业，每件产品都有它独特的艺术价值和体现。衍生品则是艺术家心血和结晶，是他们的艺术作品的精神形式的延伸，同时扩展了艺术品的传播范围，也丰富了艺术品的种类。

二、衍生品设计开发价值

（一）文化价值

手工艺类非物质文化遗产通过世代相传的手艺和技艺，承载着深厚的文化底蕴和独特的创作观念。这些非遗项目不仅仅是技艺的传承，更是中华民族优秀传统知识和技能的宝库，对于人们认识和理解传统文化具有重要意义。手工艺类非物质文化遗产是人类在长期发展过程中，根据自身生活需求所创造的独特文化现象，其不仅承载着丰富的文化信息，更是社会认同和社会和谐的重要纽带。在现代社会中，随着科技的发展和全球化的推进，人们的生活方式和审美观念也在不断变化。然而，手工艺类非物质文化遗产作为一种传统文化的表现形式，依然能够唤起人们对于传统文化的认同和共鸣。通过欣赏和传承这些非遗项目，人们能够感受到传统文化的独特魅力和智慧。此外，手工艺类非物质文化遗产的衍生品设计也是展现区域和民族文化特色的重要途径。这些设计作品不仅体现了传统手工艺技艺的精湛和独特，更蕴含着人类的审美追求、价值观念和社会风俗。通过欣赏这些设计作品，人们能够深入了解一个地区或民族的文化特色和历史背景，从而增强对不同文化的理解和尊重。衍生品设计开发可以成为文化传承的一种方式。通过将传统文化、历史故事或地域特色融入设计中，能够传达和保留特定的文化价值，同时也为人们提供了了解和体验不同文化的机会。

1. 传承与保护

衍生品可以成为传统文化、民俗文化、地域文化等的载体，通过设计将这些文化元素融入产品中，有助于传承和保护文化遗产。一些衍生品的设计蕴含着丰富的文化内涵，可以通过产品的展示和使用，向人们传递文化知识和价值观，起到教育和启示的作用。

2. 传播与推广

具有文化特色的衍生品能够吸引更多人的关注，从而促进文化的传播和推广。它们可以作为文化的"使者"，让更多人了解和接纳不同的文化。衍生品设计可以反映一个群体或地区的文化特征，增强人们对自身文化身份的认同感和自豪感。

3.创新与发展

设计师在创作衍生品时，可以结合现代设计理念和技术，对传统文化进行创新和再创造，为文化的发展注入新的活力。

4.跨文化交流

在全球化时代，跨文化交流日益频繁。衍生品作为一种文化产品，可以在不同国家和地区之间流通，促进文化的相互了解和交流。

例如，一些地方的特色手工艺品、文化主题的文具、传统艺术的复制品等都可以体现出衍生品设计的文化价值。这些衍生品不仅具有实用功能，更重要的是它们承载了特定的文化意义，成为文化的延伸和传播的媒介。

需要注意的是，文化价值的体现取决于衍生品设计的质量、准确性和对文化内涵的理解。只有在尊重和保护文化的基础上，进行有创意和有深度的设计，才能真正实现衍生品的文化价值。同时，对于不同的文化，应该保持开放和包容的态度，促进文化的多元交流和发展。

（二）艺术价值

1.创新性

好的衍生品设计往往具有独特的创意和创新性，能够吸引人们的注意力并引发他们的兴趣。这种创新可以体现在形式、材料、功能或概念等方面，为人们带来全新的视觉和体验。

2.美学意义

设计师通常会注重衍生品的外观设计，使其具有美感和艺术性。通过运用形状、颜色、线条、纹理等元素，创造出具有吸引力和和谐感的作品，给人们带来审美上的享受。

3.情感共鸣

优秀的衍生品设计能够唤起人们的情感共鸣，让人们与之产生情感上的联系。这可以通过表现出可爱、有趣、温馨、浪漫等情感的元素来实现，使衍生品不仅仅是物品，更是人们情感的寄托和表达。

4.艺术收藏

一些限量版、特别设计或由知名艺术家参与创作的衍生品，可能会被视为艺术品收藏的一部分。它们具有收藏价值，并且在艺术市场上可能会有一定的需求和交易价值。

总的来说，衍生品设计的艺术价值可以通过创新性、美学、情感共鸣等方面来体现，为人们带来审美愉悦和文化体验。同时，艺术价值的评判也是主观的，不同的人对艺术的理解和评价可能会有所不同。

（三）历史价值

1. 记录历史

衍生品可以作为历史事件、时代特征或特定文化时期的见证和记录。它们能够反映出当时的社会、经济、文化和审美背景，为后人了解过去提供了直观的证据。

2. 时代风貌

衍生品的设计风格和特点往往与所处的历史时期相关联，它们能够展示出当时的审美趋势、科技发展和社会变革，成为时代风貌的一种体现。

3. 历史研究

对于历史学家和研究者来说，衍生品是重要的研究资料。通过对衍生品的分析和研究，可以了解到不同历史时期的设计理念、生产技术和消费习惯，为历史研究提供了有价值的线索和参考。例如，古代文物的复制品、历史建筑的模型、特定时期的艺术品衍生品等都具有一定的历史价值。它们不仅是对历史的回顾，也是对历史文化的传承和发扬。

然而，要评估一个衍生品的历史价值，需要考虑多个因素，如其真实性、稀有性、完整性以及与历史事件或人物的关联程度等。同时，对于历史价值的认定也可能因个人观点和专业领域的不同而有所差异。

在当代社会，人们应当重视衍生品设计的历史价值，通过创新的设计将历史文化与现代生活相结合，创造出既具有历史底蕴又符合时代需求的衍生品，让其历史价值得以传承和发扬光大。

（四）经济价值

手工艺类非物质文化遗产蕴含着丰富的文化底蕴和人文价值。手工艺类非物质文化遗产的衍生品设计，往往深受历史文化和民族技艺的影响，这些手工艺品每一件都是手工精心制作，蕴含着匠人的心血和智慧。它们不仅具有实用价值，更是一种文化的载体，通过这些手工艺品，可以感受到民族文化的独特魅力和深厚内涵。消费者在购买这些手工艺品时，不仅能够获得物质上的满足，更能够体验到一种别样的审美愉悦和精神享受。在现代工业化社会中，手工艺类非物质文化遗产仍然保持着其独特的地位。这得益于手工艺品的独特性和无可替代性。相较于机器生产的产品，手工艺品更加具有人情味，它们承载着匠人的情感和精神，每一件都是独一无二的。这种独特性和情感价值使得手工艺品在市场上具有很高的竞争力，激发了消费者的购买热情。手工艺类非物质文化遗产的广泛传播，不仅促进了传统手工艺与现代生活的融合，还使得这些衍生品设计能够进入市场，发挥其经济和文化传播的价值。这种融合不仅弘扬了手工艺文化的魅力，还提升了品牌的形象和价值。越来越多的消费者开始关注和喜爱手工艺品，这为民族文化产业的发展提供了广阔的市场空间和巨大的发展潜力。

三、衍生品设计开发价值情感传递要素

衍生品作为原作的延伸和拓展，承担着传递原作情感、延续原作故事的重要使命。在设计文化衍生品时，既要让消费者与衍生品产生情感共鸣，引发他们内心深处的情感波动，也要注重激发他们对某种文化的认同感。当消费者接触到衍生品时，他们的反应并非仅仅基于产品的物质属性，更多的是受到产品所传递的情感信息的影响。这些情感信息可能来自衍生品的外观设计、色彩搭配、设计元素以及所蕴含的寓意等多个方面，这些元素共同构成了衍生品与消费者之间的情感桥梁，使得消费者能够在购买和使用衍生品的过程中感受到来自文化本体的情感冲击。情感的传递在购买衍生品的过程中起着至关重要的作用。在很多时候，消费者对于衍生品的喜爱和购买意愿，往往并非完全基于产品的价格和质量，而是更多地受到产品所传递的情感价值的影响。一件设计独特、寓意深刻的衍生品，往往能够引发消费者的情感共鸣，从而激发他们的购买欲望。这需要人们充分考虑不同消费者群体的特点和需求。不同的年龄层、受教育程度和思维观念可能会导致消费者对同一件衍生品产生不同的情感反应。因此，根据职能属性的不同，可以大致将消费者群体划分为三类：学生群体、艺术从业者群体和普通群众。

（一）学生群体

学生群体是一个比较大的范畴，在设计文化衍生品时要考虑到学生的年龄差异。学生群体大致可以分为少年儿童与青少年两个阶段，这两个阶段的学生在心智发展、兴趣爱好以及消费习惯等方面有着显著的区别。少年儿童这一群体的心智正处于快速成长的阶段，热衷于探索新鲜事物。在开发针对少年儿童的衍生品时，需要特别关注产品的趣味性和互动性。使用鲜艳活泼的色彩和富有创意的形式，可以有效地激发少年儿童的学习兴趣和探索欲望。这些产品也应该具有一定的教育价值，帮助他们在玩耍的过程中，不断提升自己的认知能力和动手能力。青少年学生群体则更加注重个性化和时尚感。他们追求与众不同，喜欢展现自己的独特风格。因此，在针对这部分学生的衍生品开发中，应注重产品的创意性和个性化设计。同时，也要确保产品具有一定的教育价值，帮助他们在追求时尚的同时，也能获得知识的提升和心灵的成长。

（二）艺术从业者群体

这一群体具备独特的艺术视角和审美观点，这使得他们在选择购买衍生品时，更加注重产品所蕴含的艺术价值和设计感。对于这一群体而言，购买衍生品不仅是为了满足物质需求，更是希望通过这些产品来深化对艺术的体验和理解。除了艺术性，品质感也是吸引艺术从业者的重要因素。他们通常对产品的品质有着较高的要求，因此在材料选择、制作工艺等方面都需要精益求精。

（三）普通群众

这个群体在艺术的接受与理解上可能并没有专业艺术爱好者或从业人员那么深入。他们走进艺术展览馆，往往是被展览所营造的独特氛围所吸引。参观结束后，普通群众往往会选择购买一些艺术衍生品作为留念。因此，在开发针对普通群众的艺术衍生品时，必须充分考虑到他们的实际需求和审美偏好。实用性和审美价值是需要重视的两个关键方面，例如可以推出一系列以展览艺术作品为主题的日常生活用品以及工艺装饰品等，以满足普通群众对美的追求和装饰空间的需求。

四、衍生品设计的流程

（一）熟知艺术家及其作品

在着手进行艺术衍生品的开发之前，首先要对艺术原作及其创作者进行全面的了解和探究。通过对艺术原作及其作者的全面了解，可以获得丰富的灵感，为衍生品的设计提供创意基础。同时，深入了解作者的创作理念，有助于在设计衍生品时保持对原作精神的尊重和延续，使衍生品成为原作灵魂的再现和传承。

艺术品作为一种独特的文化载体，其背后所蕴含的文化内涵和艺术价值是无法用简单的物质标准来衡量的。在欣赏艺术品的过程中，观众往往会与作品产生某种情感上的共鸣，这种共鸣源于艺术品所传递出的独特氛围和艺术家所倾注的情感。艺术家在创作过程中，会不断地寻找灵感来源，运用各种艺术手法和技巧来表达自己的内心世界和对世界的认知。当观众与艺术品产生接触时，这些深层次的内涵和价值就会逐渐显现出来。观众会开始思考艺术品的创作背景、艺术家的创作意图以及作品所表达的主题等方面的问题。这种深入的思考过程不仅能够增强观众对艺术品的理解和欣赏能力，还能为衍生品的开发提供源源不断的创意灵感。因此，在着手开发衍生品之前，应对艺术家及其作品进行全面的了解和研究。通过这些研究，我们可以提取出能够激发观众共鸣的元素和情感，为衍生品的开发提供有力的支持。

（二）提出开发概念与设计规划

在构建衍生品的概念构想与产品蓝图设计的过程中，构建一个全面的发展架构是至关重要的。在着手开发新产品之前，开发商需要全面考量多个要素，确保衍生品开发的科学性与合理性。要深入剖析竞品特点，了解自身开发生产的实际需求，密切关注市场动态，了解消费者需求的变化，把握市场趋势，以便及时调整产品策略，抓住市场机遇。此外，创意概念的构思是衍生品开发的灵魂，一个独特且吸引人的创意概念能够激发消费者的购买欲望，提升产品的市场吸引力。因此，开发商需要在充分市场调研的基础上，结合产品定位和消费者需求，打造独特的创意概念。

在衍生品的设计和开发过程中，要对其产品形式、创意点、元素提取等关键方面进行细致探讨。为了明确开发方向，开发商必须对衍生品的受众人群进行深入研究，了解受众人群的需求，运用恰当的形式、材质和载体，以符合目标人群的审美和品位。这不仅能确保衍生品满足受众的期望，还能实现其自身的价值。因此，开发者必须对这些问题进行全面的讨论和分析，以确保其决策是基于充分的信息和深入的理解的。只有在充分理解和讨论这些问题之后，才能顺利推进到开发的下一个阶段。

（三）寻找创作设计灵感

衍生品作为艺术的一种延伸和传承方式，承载着将艺术融入日常生活、让更多人欣赏艺术之美的使命。一件成功的衍生品要拥有创新的设计理念，将艺术品转化为衍生品不是简单的复制粘贴，而是一个充满创意和创新的过程。通过巧妙的设计和构思，艺术家和设计师们将原作中的精髓提炼出来，融入各种实用品中，从而创造出既有艺术价值又具实用性的衍生品。这样的衍生品不仅让人们在日常生活中感受到艺术的魅力，也进一步推动了艺术的传播和普及。要想衍生品不但具有一定的市场价值，还能触动人们的心灵，衍生品开发商可以从以下两方面探寻创意：

第一，从艺术家的创作风格和个性特征来看，每位艺术家都拥有独一无二的创作标识和特色，这种独特的艺术个性正是他们在众多艺术家中脱颖而出的关键。因此，在开发艺术作品的衍生品时，深入理解和把握他们的风格特点至关重要。艺术家的创作风格不仅体现在作品的形式上，更蕴含在他们的思想和情感之中。为了更好地展现艺术家的创作精神和艺术价值，必须深入研究他们的艺术个性和独特之处。这需要开发商不仅关注作品表面的形式美，还要深入挖掘作品背后的深层含义和艺术家所要传达的思想情感，只有这样才能设计出新颖的艺术衍生品。

第二，衍生品载体的选择尤为关键。每种载体都拥有独特的形态和功能属性，这些属性对于衍生品的最终呈现效果具有深远影响。因此，在开发衍生品时，既要注重视觉元素的创新表达，也要充分考虑所选载体的特性，确保艺术品与载体能够和谐共存，呈现出最佳的视觉效果。例如，蒙德里安在他的代表作《红黄蓝相间》中，通过黑色线条与红黄蓝三原色的巧妙组合展现了极简主义的精髓，带给观者以强烈的视觉冲击力。这种简约而深邃的艺术形式激发了无数设计师的灵感。蒙德里安的红蓝椅正是艺术与工艺完美结合的产物，是对蒙德里安画作《红黄蓝相间》艺术理念的延续和创新。设计者巧妙地将画作中的色彩与线条元素融入椅子设计中，使得红蓝椅在保持原作精神内涵的同时，也具备了实用性和审美价值。

（四）从原作中提取设计元素

在衍生品的开发过程中，开发商必须对诸多因素进行分析与考虑，从艺术原作中精准地提取设计元素。为了有效地实现这一目标，可以采用以下方法来提取元素：

1.对艺术原作的整体复制运用

这里所说的复制不是简单的拷贝，而是一项涉及尺寸调整、设计布局和重新构图等多个方面的综合性艺术工程。其目的是让艺术品在新的载体上焕发新的生命，与载体本身形成和谐统一的整体。在衍生品制作中，整体复制的运用十分广泛，无论是丝巾、瓷器还是家居装饰，都可以看到这一方法的身影。以著名画家吴冠中先生的作品为例，他的画作以其独特的艺术风格和深厚的文化内涵深受人们喜爱。当这些画作被整体复制到丝巾上时，不仅保留了原作的艺术韵味，还通过适当的尺寸调整，使得丝巾在保持原作精神的同时，更加符合佩戴者的需求和审美。这种巧妙的复制方式，既展现了原作的价值，又赋予了丝巾独特的文化气息和艺术美感。除了丝巾之外，整体复制在其他衍生品制作中也同样适用。例如，艺术家陈中华的《火鸡》作品，在经过整体复制后，衍生出了一系列具有独特艺术气息的产品。这些产品不仅保留了原作的精神内涵，还通过设计人员的巧妙构思和精湛技艺，将原作与衍生品载体完美融合，展现出别样的艺术魅力。

2.有针对性地挑选艺术原作中的元素，赋予衍生品独特的魅力

在筛选艺术原作元素的过程中，需要敏锐地捕捉到那些独特且引人注目的艺术元素，每幅艺术作品都有独特的魅力点，这些魅力点往往就是进行创意发挥的起点。以《簪花仕女图》这幅作品为例，这是一幅展现唐代社会生活风貌和贵族妇女日常生活的珍贵画作。《簪花仕女图》的衍生品镶嵌唐妃纹古夷苏木长钱包并未选择整体复制整幅画作，而是精心挑选了画中最右侧的仕女形象。之所以选择这一局部，是因为这位仕女身姿优美、婀娜多姿，她的形象符合衍生品受众群体的审美需求。

（五）进行具体衍生品设计

在完成预备阶段的工作后，便可以着手具体的设计工作。这一阶段要求设计师逐一解决并处理在前期分析阶段所识别出的相关问题。在开始设计工作之前，有几个关键方面需要特别关注。要进行有针对性的市场研究。市场研究有助于设计师深入了解衍生品市场的现状、趋势和竞争格局。通过收集和分析数据，可以为衍生品的设计提供有力的市场依据。还要对目标消费者进行深入调查也是必不可少的。通过问卷调查、访谈、观察等多种方式，可以获取消费者的真实需求和偏好，为衍生品的设计提供宝贵的用户反馈。在收集到足够的市场信息和消费者数据后，需要编制详细的市场分析报告。这些报告将为确定衍生品的设计风格和具体的设计方向提供重要依据。明确设计方向后，便可以进入设计实施阶段。

在当今数字化、信息化的时代，科技的日新月异也促生了虚拟类衍生品，这些衍生品以其独特的魅力和功能，吸引了众多用户的关注和喜爱。然而，要让这些衍生品真正发挥其价值，前期的深入开发工作十分重要。在设计虚拟类衍生品时，要选择适合的虚拟平台。不同的虚拟平台有着不同的功能属性与特色，必须根据衍生品的定位和目标用户群体，选择最适合的虚拟平台。要深入研究虚拟平台的功能属性与特色，以便在设计中充分利用这些优势。要清晰地了解目标群体的需求和特点，从而设计出更加符合用户期望的衍生品。

第二节　非遗衍生品设计发展对策

一、建立健全政策制度

从事非遗项目生产的机构会面临资金、贷款、场地、扶助资金与所得税等问题，建议政府部门根据当地民族民间手工艺企业的具体现状制定规章政策，给予企业相应的扶助资金，并且和地方税务部门制定统一的规定，对于扶助资金的税款予以减免；对民族民间手工艺企业、非遗衍生品机构进行税费减免的优惠待遇，以鼓励相应的生产性保护方式的发展；对于相关企业的贷款条件有所放宽，并在场地使用上提供一些优先和优惠政策；政府应鼓励企业和个人进行相关发明专利的研究，特别是对于传统手工艺的生产效率和质量有所提升的实用新型专利，应予以支持和奖励。如此可为地方民族民间手工艺企业和非遗的生产性保护提供优质的土壤和有力的造血机能。

建议政府根据不同的非遗项目进行考量，有的非遗项目适合整体性保护，在进行相关的非遗衍生品设计时也应基于当地的物产和民俗；有的非遗项目的灵活性较强，对场地没有太多要求，传承人可以携带工具设备和原料进驻园区，也可以进驻景点。

中国的非遗项目众多，它们作为文化的一扇窗口，能够发挥意识形态宣传的重要功能，让国人乃至全球对中国的传统文化、民间艺术产生认知并关注。由此观之，可以非遗为题，将其在各个类型的交通枢纽以"城市会客厅""出行美学体验空间"等形式呈现出来，将具有地域性的、与传统文化相关的非遗衍生品，以陈设和销售的形式呈现在受众面前。

文化产业的特殊性和文化性导致其从业者在发展时更需要审时度势——这不是一个可以立竿见影、在短期内获得经济回报的产业。文化产业的从业者，需要具有从事文化行业的理想、浓厚的兴趣、持久的文化情怀，同时也需要具备一定的经济实力。

从市场的角度来看，传统手工技艺类非物质文化遗产是一种拥有深厚文化底蕴的实业。然而，在快速发展和竞争激烈的市场环境下，这些传承人和企业面临着多方面的压力。这些压力不仅来自经济方面，还包括市场需求、文化传承、技术创新等多方面的挑战。经济方面的压力是显而易见的。由于传统手工艺品的生产过程中需要大量的手工劳动和原材料，因此，企业和传承人在资金、场地、人员配置以及市场渠道等关键要素上面临着较大的挑战。相较于机器生产的现代工业品，传统手工艺品的生产成本往往更高，而且效率较为低下，这可能会使得企业和传承人迫于生存而放弃传承非遗手工艺。政府和社会各界应该对此给予更多的关注和支持。政府可以通过出台相关政策，提供资金扶持和税收优惠等措施。同时，社会各界也可以通过宣传和推广传统手工艺文化，提高公众对传统文化的认识和兴趣，从而扩大市场需求和推动产业发展。

政府从 2015 年开始强调推进"供给侧改革"的思路，推动经济持续健康发展，这对于非遗相关产业来说是一个提速转型的好时机。其重点在于降低企业的制度性交易成本，即购置工具、材料、人工费用之外的成本，例如税款、融资成本、交易成本和社会保障成本等。降低这一部分的成本有利于增强企业的创新能力、保证产品的工艺质量、改善生产环境并提高生产效率，保证企业的良性发展。政府可以加大财政扶持力度，以财政拨款等形式对一些非遗传承人和手工艺人进行资金扶持，促进生产和销售，借此为非遗的传承和生产提供助力。一些地方多有"公司加农户"的模式，这种模式既可以进行非遗的传承，也可以在保证非遗"本真性"的基础上，进行非遗衍生品的产品设计。这种扶持包括政府出资聘请设计师对非遗衍生品进行设计，对非遗本身进行宣传推广，但对设计师的资质与设计能力需要有客观的评价。

政府需要为非遗传承人、从事与非遗相关的经营活动的商户、建立非遗衍生品平台的机构提供一定的资金和减免利息的贷款。对于这些从业者而言，买卖才是最好的传承和保护，分享才是最好的传播。时过境迁，部分手工艺品已经并非生活的必需品，一些生活用品在过去只能依靠手工进行制作，而如今工业化的机械生产可以制造出无差别、无瑕疵的工业产品。此时，一部分手工艺品由于生产成本较高而被人们舍弃，因此这种基于手工艺的推广与发展有其艰难之处。

政府可以对传承人和相关企业、机构实施专项的财政拨款，实行优惠政策，对小微企业进行低利息和免息贷款，对于传承单位的房租予以实际减免，鼓励设计师、"非遗经纪人"与传承人联合，进行与非遗衍生品相关的工作，并且保证这些财政支持能够真正落实到传承人和相关机构之处。

政府在相关政策出台后，也不可忽视政策实施的可行性和操作的便捷性。一些规模较大的民营企业存在较大的资金压力：一方面，为了维持企业的正常运转，需要减免利息的贷款；另一方面，也希望贷款时减少不必要的周转、提高工作效率，在不符合贷款条件时及早告知。

此外，政府对于传承人和非遗相关民营企业从业者、非遗衍生品设计机构应当给予更大力度的扶持。在国家的政策指导下，地方政府应当根据实际情况，为各级传承人提供年度固定经费，以确保他们能够有足够的资金投入文化传承工作中。地方政府还应该制定并实行一系列优惠政策，如减租减息、税费减免等，以降低传承人群的经济负担。同时，地方政府还应该加大对传承人群在生产、流通和销售等关键环节的扶持力度，帮助他们拓展市场，提高产品的知名度和竞争力。

我国非遗文化的传承人群普遍年事已高，70岁以上的传承人占据了总数的一半以上。这是一个令人担忧的现象，因为这意味着随着时间的推移，一些珍贵的文化遗产可能会因为传承断层而逐渐消失。政府应当发挥关键作用，为传承工作提供必要的支持和宣传平台，鼓励年轻人学习和传承传统技艺。

二、丰富宣传营销渠道

由民间自发组织的民艺普及平台为数不少，而平台的负责人需要为此付出高额的推广成本，在初期很少有盈利的，多数缺乏有力的宣传营销渠道，尝试运营的多家机构，也大多依靠负责人所持有的其他资金进行"输血"补给，以此支撑经费艰难的阶段，政府应在一定范围内予以扶持。

此外，可为相关从业者开放的展会还有非物质文化遗产博览会（非遗博览会）、文化创意产业交易会（文交会）、国际旅游商品博览会（旅商会）、中国工艺美术大师作品暨手工艺术精品博览会（工美展）、创意博览会，以及一些专题的展览展会。国内已有一些成型的非遗园区，如四川成都的国际非物质文化遗产博览园，定期举办国际非遗文化节。

政府也需要为传承人和相关的企业、机构提供免费或优惠的场地，包括机构的长期使用场地与短期展会场地。多数和非遗相关的民营企业所遇到的最大问题是资金和场地，对于场地厂房来说，这些民营企业难以投资固定资产。

以手工蜡染为例，其面对的市场是相对中高端的市场，甚至用于一些奢侈品定制，故而在宣传和营销方面，政府和蜡染从业者应当注入更大的力量。蜡染产品本身的魅力也需要借由具有文化情怀、符合时代特征的宣传途径来推广，而不是将产品直接送入市场。关于蜡染的宣传，一方面要依靠政府，另一方面也需要企业本身的重视和投入。

企业可以聚焦一些有效的宣传平台，例如微信与自媒体、电子商务等。以宁航蜡染为例，其微店的销售优于淘宝，一是因为淘宝平台中可供选择的产品众多，买者往往货比三家，可供参考的只有照片和文字，而手工蜡染与蓝靛植物染本身不具备价格优势；二则因为该品牌的建设、概念的推广、营销的手段还不符合中高端受众的需求。以品牌"远家 YUANJIA"为例，该品牌和宁航蜡染始终保持合作状态，该店所销售的蜡染产品是委托宁航蜡染进行来样制作的，面对中端受众，女装销售价格在 600～1000 元，丝巾价位更高，而这个价格是高于宁航蜡染门市价的。宁航蜡染制作销售的部分手工蜡染抱枕，主要依靠订单安排销售和生产，而复购率较高的人群一般是通过微信群和公众号宣传的微店进行购买的。

除了传统的线下销售之外，传承人和相关机构可以考虑在此基础之上同步发展电子商务。中国的物流网络发达，在网络上进行销售推广，也是对知名度不够高的、交通较为不便利地区的非遗项目的宣传，由此可以获得更广的受众群。政府一方面可以聘请电子商务方面的专业人员来进行简单的推广讲解，另一方面可以为成熟的电商和一部分适合"走市场"的非遗传承人、手工艺人牵线搭桥，同时也需要在一定的单位区域如县、镇内设置相关的辅助人员。由于传承人中有一部分并没有接触过网络和电子商务，也并没有设计的概念，因此这个辅助人员的角色是很重要的。此外，政府也可建立专门的机构，解决各种售前、售中、售后问题，打通咨询通道，随时接受传承人、电商、顾客的反馈意见，切实推动非遗衍生品、手工艺类非遗相关产品销售的电商化发展。例如，模式较新的淘宝众筹、京东众筹等平台中的设计师分类，其中有一部分是针对非遗和手工艺进行再设计的众筹，多以预售的形式呈现，并将非遗技艺的相关产品作为众筹的回报。

除了进驻上述具有销售属性的网站，一部分传承人也注册了短视频和直播平台的账号，尝试在各种平台上进行宣传和营销。但事实上，传承人在自媒体领域的探索并非易事，能够收获大量"粉丝"的传承人毕竟还是少数。非遗传承人借助自媒体向公众展示自己的技艺，获得了一定程度的关注和用户积累，但这些关注不容易变现。2019年，抖音推出"非遗合伙人"计划，定向邀请了MCN机构"奇人匠心"旗下的手艺人召开发布会，同时在社会上公开发出了招募非遗传承人和非遗相关内容创作者的公告。但实则参与计划的是少量狭义的"代表性传承人"，即具备证书的高级别传承人，而非广义的传承人、民间艺人。因此，大部分从事着传承工作但不持有证书的人群并没有参与到该项目中。

在自媒体平台上，非遗传承人和手工艺人的活动主要可以划分为两大类别：宣传娱乐型和销售带货型。以抖音、快手、哔哩哔哩等为代表的"宣传娱乐型"平台，侧重于利用娱乐方式进行非遗和手工艺的宣传与推广。这些平台通过短视频、直播等形式，让非遗传承人和手工艺人有机会直接向公众展示他们的技艺和作品。淘宝直播、京东直播等平台则属于"销售带货型"平台，更注重销售功能的实现。这些平台利用直播的形式，让非遗传承人和手工艺人可以直接向公众展示和销售他们的产品。在每场直播后，往往都会有一定的销售收入。

尽管抖音、快手等短视频平台近年来逐渐开放了销售商品的功能，但手工艺传承人和手工艺人对此并未如预期般积极投入。这背后涉及多方面的考量，主要可以归结为以下两个原因：第一，这些平台对商户的入驻标准设定得相对较高。这对于许多个体手工艺人而言，无疑构成了一定的门槛。他们往往缺乏必要的电商运营经验和资源，难以达到这些标准。第二，抖音、快手等平台本质上是以娱乐为导向的社交平台，用户主要目的是娱乐和消遣。尽管这些平台也具有销售功能，但销售属性相对较弱，用户对于购买的意愿和信任度相对较低。

三、培养非遗衍生品设计人才

以清华大学美术学院所开展的非遗传承人群研习研修培训计划为例，可以看到非遗传承在现代社会中所面临的复杂情境与棘手问题。该计划以积极推动非遗文化的传承与创新为核心目标，然而，在实际的操作过程中，却遭遇了多重困境与挑战。非遗传承是一个长期的过程，需要持续不断的努力与投入。因此，培训计划不仅要关注短期的培训效果，更要考虑其长远的影响与发展。这既需要学院在培训结束后进行持续的跟踪与指导，也需要学员在实践中不断积累与提升。培养非遗传承人或非遗衍生品设计从业者是一个复杂而艰巨的任务，需要从多个方面进行深入的思考与探索，同时还需要通过市场实践来不断检验和优化培训计划。

该培训计划设定的范围为"传承人群"而非"传承人"。故而在全国百余所院校招收的学员之中，一部分不属于非遗项目传承人，其中清华美院为试点单位，其培训学员为文化和旅游部直接指定，系市级及以上传承人。自2017年始，清华大学美术学院的传承人群研修计划开始设立主题，如2017年以青瓷为主题的培训。在此之前，专题的概念也体现在地域上，如2016年有以佛山为主题的培训，招收的传承人群都来自广东佛山。在文旅部发起的传承人培训计划中，学习和交流并不只是单方面的，虽然文旅部的主旨是让传承人群了解和掌握当代的设计，但是这应当因人而异、因艺而异，并非所有的非遗传承人和技艺都适用于这样的一种培训模式。清华大学美术学院在此有所变通，在第五期培训中，校方选出了五位传承人，面对师生开设讲座，同时安排参加培训的传承人进行现场展示和演出。校方为传承人群提供了导师，导师与传承人的比例为1∶4，在一期传承人培训计划结束后的三到四个月之内，传承人群需要完成并提交作品，其中一部分作品参加了2016年9月在山东济南举办的非物质文化遗产博览会。

培训方在培训计划中使用了一个设计学科中常用的思维练习方法，被称为"1+1"，即组织两位不同非遗项目的传承人进行合作，生成具有"跨界"性质的手工艺品。事实上，这种设计方法更接近于设计课程中的"头脑风暴"和"异质同构"，有时候可以碰撞出火花。在非物质文化遗产与衍生品设计相结合的过程中，西方体系的艺术设计学习并非适用于每一个传承人。纵观采用"1+1"模式进行实验的作品，一部分跨界结合仍然停留在实验的阶段，因为这种碰撞与结合，并非都经过了深思熟虑，也未必是在深入了解这两种技艺之后实施的。"绸缪"系列真丝晚宴手包是由蓝印花布与瓷板画、瓷片、瓷珠等"相加"而成的，但这种"1+1"并未展现各自的工艺之长，在蓝白色调、图形的搭配上，产生了视觉上的冲突效果，导致主次关系不明确。如需获得成熟的产品，应由设计师与传承人二者进行沟通交流，相互深入了解，根据具体的工艺进行"量身定制"，使工艺与造型得以和谐适配。

短期的培训不足以让传承人从传统文化的境域中转而迅速地理解和学习西方文化体系中的设计思路；再者，未必所有的非遗项目和传承人都适用于此。文旅部设立研培计划的初衷是积极的，但在具体实施阶段，院校需要对此进行深入调查研究，了解不同非物质文化遗产的特征后再作安排，否则效果适得其反。

一部分参与了此计划的学员为"传二代"，即其父辈或师傅为非遗项目传承人，本人未必也是传承人，或其传承人级别不如其父辈级别高。"传二代"人群在以设计为主的研培课程中是获益较多的。一方面，这个人群年纪较轻、学历较高（多具有专科、本科、硕士学历）、学习能力较强、易于接受新事物；另一方面，一部分"传二代"所学的专业和传承的非遗项目有一定关联，如服装设计、珠宝设计等。以清华大学美术学院开设的第四期为例，接受培训的学员最年轻者为20岁，最长者为50余岁，培训时间为30天——这也是研培的常规时长，个别期亦有时长40天左右的。学员不需要交付食宿的费用，但需自行负担来往路费。课程设置需要建立在培训方对每一位参与培训的非遗传承人及他所掌握的非遗项目情况有深入了解的基础上。

在非遗研培计划的诸多高校中，还有一些行之有效的案例可供参考。从设计师与传承人联合创作完成的作品中不难看出，上海大学的思路是适于非遗与当代时尚对接的，是在培训中踏出的具有实验性的一步，值得借鉴学习，但这种模式所需的资金、场地、人员、人脉渠道等条件较高，在其他诸多高校中是不易复制的。基于非遗研培计划的契机，章莉莉在上海大学开始探索非遗融合跨界设计，这也得益于她的另一个身份——上海公共艺术协同创新中心（PACC）运营总监。她基于上海大学、PACC和非遗研培计划的平台，找到多个商业品牌、高定设计师、在校师生与不同的传承人进行对接，设计具有一定市场前景的方案，选择合适的渠道联系媒体进行宣传发布。

在开设研培班之前，团队都会进行讨论策划，制定有针对性的"传承人＋设计师"组合，以及量身定制的培训方案——这一点就值得大部分研培院校进行学习，并在今后的"非遗＋衍生品"跨界合作中进行参考。例如，研培计划就促成了东阳竹编传承人何红兵与荷兰设计师艾瑞克·曼特尔（Erik Mantel）的合作，形成"一竹一世界"系列中大小形态各异的大竹灯。这种合作是双方相互认知、认同的过程，也包括让设计师了解当地的竹编现状。在两周的研发设计过程中，双方要考虑到一些非常实际的问题，例如为了解决竹编长期存放容易变形的问题，设计师设计了下凹的力学结构；为了突破传统的竹本色、烟熏色，设计师还对色彩进行了多种组合实验，在家居流行色的新色谱中分出了几大色系……这些专业的设计，无疑是需要专业的团队来实现的。需要指出的是，如果仅依靠研培计划的经费、高校的常规师资和渠道，在短期的培训中是很难达到以上成果的。

四、加强非遗与校企的合作

（一）与地方性职业技术院校的合作

近年来，随着社会各界对非物质文化遗产保护意识的提升，"非遗进校园"活动在全国范围内如火如荼地展开。这种活动不仅为非遗文化的传承开辟了新的途径，也为校园注入了独特的文化气息和活力。在这股热潮中，一些成功的"非遗进校园"与校企合作的案例，无疑为人们展示了非遗文化与现代教育的完美结合，为未来的非遗保护工作提供了宝贵的经验和启示。部分工艺类职业院校借鉴了包豪斯"工厂"学徒制的教学模式，将专业教师和实训指导老师或技工紧密结合，形成了一个全面而高效的教学团队。在这种模式下，学生不仅能够获得丰富的理论知识，更能在实践中锻炼技能，深化对非遗文化的理解。这种理论与实践相结合的教学方式，不仅使学生的学习体验更加全面而深入，也提高了教师的教学水平和专业素养，为非遗文化的传承和发展提供坚实的人才保障。

北京工艺美术职业学校的一体化教育模式在职业教育领域是一个典范。该模式的亮点在于校内设立的大师工作室，这些工作室不仅为学生提供了实践学习的场所，还是传统工艺传承与发扬的关键阵地。学校借助大师工作室这一平台，将传统工艺与现代职业教育完美融合，为非物质文化遗产的传承注入了新的生机。工美集团作为学校的坚强后盾，为教学和学生的就业提供了有力支持。学校与企业之间的紧密合作，不仅为学生提供了丰富的实践机会，还帮助他们更加清晰地规划职业道路。同时，双方共同开展的多项研究项目，也推动了工艺美术行业的创新与进步。表现突出的毕业生有机会直接被北京珐琅厂、北京玉器厂等知名公司录用。此外，学校还鼓励毕业生选择留校深造，进入大师工作室继续研究，为传统工艺的传承贡献新的力量。

（二）与艺术类高等院校的合作

关于非物质文化遗产和非遗衍生品设计的学习，需要设计师切实地把握对真实世界的认知、对中国传统文化的敏感、对手工造物的敬畏。纵观一些可圈可点的非遗衍生品，其中不乏对于传统手工技艺的深入解读。学习传统手工技艺是一个相对漫长的过程，即使只学习一些基础的技法，也并不如平面设计、交互设计等专业有立竿见影的成效。不过，对于非遗衍生品的设计师而言，掌握传统技艺的基础技法与当代设计方法便是难得的优势了，这些常识可以满足设计师与传承人或手工艺人的顺畅沟通，最终的非遗衍生品可以借由"设计师＋传承人"的组合方式而成。

在进行相关的授课时，艺术类院校可以采取"以赛代练""以项目代练"的模式，建立工作室，进行非遗衍生品的试题设计，首先发布命题，讲解赛事或试题的要求、非遗衍生品设计的思路方法；而后带领学生对中国民间美术和文化遗产、衍生品设计的概念进行学习；再由教师、手工艺人和行业中的设计师对非遗衍生品进行示范修改，提出建议，对设计和制作思路、实现手法给予详尽指导，最终呈现成品。

为了维护和延续我国深厚的文化遗产，国内一些艺术类高校开始探索将非遗文化融入校园教育的新路径。他们期望通过教育和创新的双重手段，为非遗传承注入新的活力与生命力。短期非遗教育项目的持续时间从半天到一天不等，一般与中国传统节日有关，通过文化讲座、作坊等形式，让学生在短暂的时间内亲身体验和学习非遗技艺。尽管时间有限，但这些短期项目在推广和普及非遗文化方面发挥着重要作用。长期非遗教育项目通常以课程形式进行，授课时间可能达到半个月甚至两三个月。在这些课程中，学生不仅能学习到非遗技艺的理论知识和历史背景，还能在专业教师的指导下进行实践操作。这种长期的教学模式在引导学生将传统技艺与现代设计相结合，以及深入了解和传承非遗技艺方面具有显著效果。然而，这类课程的实施目前尚未形成稳定和长效的课程系统。"中国非物质文化遗产传承人群研培计划"则是一种较规律的中短期培训方式，专门针对设计创新思路进行培训。

艺术类高校要建立一套基于本土文化的教学体系，这不仅仅是为了让学生更好地了解和传承中国传统文化，更是为了在全球化的背景下，让中国的艺术设计教育具有更加鲜明的特色和优势。通过将非遗技艺引入现代设计教育，不仅可以让学生更加深入地了解传统文化的魅力，还可以为非遗的传承和发展注入新的活力。在选择合适的非遗项目时，需要充分考虑其历史价值、文化意义以及与现代设计的契合度。只有这样，才能确保设计师的介入不会对非遗造成破坏，而是能够为其带来新的发展机遇。为了实现这一目标，校方与手工艺人之间的深入沟通和相互理解至关重要。校方需要了解手工艺人的技艺特点和传承需求，而手工艺人也需要理解现代设计的理念和方法。只有这样，才能确保课程设置的有效性和教师聘请的合理性，从而培养出既懂传统工艺又具备现代设计能力的人才。

第三章　河北省非遗手工艺的分类

　　河北省的传统手工艺源自民间，手工艺具有悠久的文化历史和实用价值、审美价值。河北省内的这些传统手工艺是勤劳的劳动者多年生活经验和集体智慧的产物，是中华文化丰富底蕴的重要组成部分，对社会、经济、文化的发展作出了重要贡献。近年来，随着"弘扬传统文化""树立文化自信""发扬工匠精神"等文化振兴战略的实施，传统手工艺又重回大众视线，但因受工业化生产的压制，其处境依然堪忧。如何为河北省内的这些特色传统手工艺注入新的生机，加入现代审美，寻找新语境下的传承发展之道，是当下面临的紧迫问题。据统计，河北省的传统手工艺入选第一批国家传统工艺振兴目录的有 17 项，入选各批次国家级非物质文化遗产目录的有 29 项，入选河北省非物质文化遗产名录的传统手工艺项目总计为 322 项，入选市级非物质文化遗产名录的有千余项。可以说，河北省传统手工艺种类繁多，遍布全省。本章介绍了河北省非遗手工艺的分类，主要阐述了剪纸刻绘、编织扎制、纺染织绣、雕刻塑造、金属工艺、烧造技艺等六部分内容。

第一节　剪纸刻绘

一、蔚县剪纸

蔚县剪纸是河北蔚县地区独有的传统手工艺，被列为国家级非物质文化遗产之一。蔚县剪纸始于明代，具有独特的风格，在国内外广受赞誉。在清代晚期，蔚县开始改革剪纸工具，将原先的剪改为刻。在 20 世纪初期，蔚县剪纸逐渐发展出了独特的艺术风格，在构图、造型和色彩方面探索出了一种独特的民间剪纸风格，开启了全新的剪纸艺术流派。

2006 年 5 月 20 日，蔚县剪纸经中华人民共和国国务院批准，被列入第一批国家非物质文化遗产名录。

蔚县剪纸的传统花样深受当地人喜爱，并伴随着传统风俗一同流传。剪纸作品曾随卖花艺人在城镇和乡村间游走，广泛传播于河北省内外。这些剪纸作品不仅能展现传统民间剪纸的语言魅力，同时还能体现民众的审美情趣。

（一）蔚县剪纸的渊源与特色

在河北省内，剪纸主要分布在张家口的蔚县和承德的丰宁满族自治县，此外在省内的东西部山区也有分布。在蔚县和丰宁地区的山区农村，有些妇女自小便跟随家人学习剪纸，她们根据自己独特的审美情趣，剪出各式各样的剪纸，从而装扮生活。剪纸主要有家禽牲畜、五谷庄稼、花草图案、生肖胖娃、白蛇西厢等各种类型，这些丰富的题材都寄托了人们对生活的美好愿望。

蔚县剪纸是受到窗花的启发而催生的一种剪纸艺术。在蔚县剪纸出现之前，人们所制作的窗花有"天皮亮""草窗花"等类型。"天皮亮"是在玻璃出现之前，人们用薄片的云母拼贴成方形或圆形的块面，贴在蔚县传统的小方格窗户上，以便让光线透过窗户并映入室内。为了增加装饰效果和美观，一些人开始在云母薄片上用毛笔描绘花卉图案或戏曲场面，从而形成了早期窗花的原型。

1. 蔚县剪纸的历史发展

史书以及地方志并没有关于蔚县剪纸具体诞生的年代，但是根据相关史料的推测，可以判断出蔚县剪纸活动主要起源于明代成化年间，距今已经有 500 多年的历史。而蔚县点彩剪纸则主要起源于清代的咸丰年间，距今已经有 200 多年的历史。

清代咸丰年间，河北武强传进一种木版水印窗花，这种窗花比"天皮亮"色彩艳丽，但比后来出现的蔚县剪纸要粗糙得多，被称为"草窗花"，也有叫"草窗空"的。艺人们发现这种剪纸白天虽然很好看，但到了晚上就变成了黑的，于是就尝试着用刀子在上面刻画，增加了镂空效果，开创了蔚县彩色镂空剪纸的历史。

在刺绣时需要用到剪纸花样，这种花样最大的特点是，采用刀具在细纸上雕刻而成，手法十分细腻。与传统剪子铰纸相比，它不仅体现了制作工具的改变，题材和表现手法上也有了很大不同。蔚县剪纸艺术就是艺人们模仿"天皮亮"的透明效果，又借鉴了这种雕刻刺绣花样的剪纸形式，并吸取了武强木版水印窗花和天津杨柳青木版年画的色彩特点，经过长期的创作实践后诞生于世的。

在 20 世纪 30 年代初，蔚县窗花迎来了黄金时代，著名的民间窗花艺人王老赏成为代表性人物。他在构图、刻制和点彩方面都有独特的想法，逐渐形成了蔚县剪纸艺术的风格——以阴刻为主、阳刻为辅，彩色点染的艺术风格。王老赏以他创作的戏曲人物窗花闻名，这些作品包括近千幅人物剪纸作品，他也被当地剪纸百姓誉为一代宗师，对他的艺术成就和声誉有着深远的影响。

在 20 世纪 50 年代，蔚县剪纸的发展十分繁荣，并且在 1954 年，以周永明、周恺、王乱、侯林等为代表，分别在南张庄、蔚县成立了剪纸生产小组，该小组的建立，开创了蔚县剪纸有组织生产和外销的发展道路。1956 年，县里也十分重视蔚县剪纸的发展，并组建了蔚县民间艺术剪纸业生产合作社（现今蔚县剪纸厂的前身），这不仅使得蔚县剪纸的生产更加专业化，同时也使得蔚县剪纸走向创新发展阶段。

经过 20 多年的恢复和发展，蔚县剪纸业得到巨大发展，涌现出众多优秀的剪纸艺术家。进入 20 世纪 90 年代，随着市场扩大，众多剪纸艺人纷纷自立门户，开门办厂，蔚县剪纸出现了空前繁荣的景象。

蔚县剪纸已经进入产业化阶段，除了满足人们的文化需求外，还为社会创造了更多就业机会，展现出了较大的商业潜力。近年来，当地政府对于蔚县剪纸的发展和传承给予了更多重视，并实施了一系列措施，其中包括明确了"文化兴蔚、绿色兴蔚"的发展目标、举办了多届国际剪纸文化节，以及打造中国剪纸产业电子商务基地等举措，这些措施在推动蔚县剪纸事业方面取得了显著成绩。

2. 蔚县剪纸的艺术特色

蔚县剪纸，俗称"蔚县窗花"，属于刀刻剪纸，"刀刻、点染"是它的两大特色。

与多数剪纸工艺不同，蔚县剪纸的主要工艺特点就是雕刻，而多数剪纸的工艺则主要是用剪刀铰制。这种雕刻工艺使得蔚县剪纸在对物象的处理上有着更大的发挥空间。例如，蔚县剪纸能雕刻出极其复杂的图案和各式各样的线条，包括人的头发、胡须，马的鬃毛，昆虫的翅膀等。

蔚县剪纸的另一大特色就是"色彩点染"，这又是与中国其他民间剪纸迥然不同的地方。蔚县剪纸在染色上十分讲究，历来有"三分刀工七分染"的说法，染色比雕刻还重要。蔚县剪纸使用的品色颜料非常鲜艳，而且不用淡色，只用极为浓重的颜色，并大量使用原色，对比强烈。剪纸贴在窗户上，经过阳光照射能够充分显现出斑斓的色彩效果。

在全国的各种类型剪纸中，蔚县剪纸是唯一以阴刻为主、阳刻为辅、阴阳结合的点彩剪纸，因其精湛的刀工和艳丽的色彩而闻名于全国。

（二）蔚县剪纸的制作工艺

1. 起稿画样

起稿画样指的是设计并创作剪纸图案，并将其绘制在白纸上。一般来说，剪纸艺术家会利用他们扎实的美术基础和丰富的想象力，首先用铅笔勾勒出设计的轮廓，然后创作出作品的图案，接着制作出清晰的墨线稿和色彩稿。墨线稿是雕刻作品的基本依据，是单线条的图样，而色彩稿则是作品完成后的着色效果。在绘画时，需要注意线条和面之间的相互关系，并控制色彩对画面的影响。在制作过程中，要明确哪些线条需要省略，哪些需要保留和连接，并考虑色彩在图案中的渲染效果。

画样是剪纸创作的基础，蔚县剪纸的老艺术家们不仅有着专业美术知识和绘画技术的积累，而且依靠对于当地民俗的理解和生活的体验，绘制出了大量具有乡土气息的"底样"。

2. 拔样

完成底样设计后，接着要用刀具开始"拔样"。"拔样"是根据刻制要求用刀代笔确定图案的留白部分和镂空部分，即用刻刀对画稿进行补充修改和刻制，该镂空的部分进行镂空，给刻制留出刀口，特别是要确定刀口位置，以保持剪纸作品的完整性。按照老一辈剪纸艺人们的观点，刀口尽量选在图案不"显眼"的地方。拔样是对画稿的二次创作。

3. 配样

对定稿的剪纸点彩染色。配样时要把握民间色彩的运用原则，如"红配绿一台戏""红配黄喜洋洋"等。

4. 熏样

将已完成的剪纸样稿放在白纸或黄毛边纸上，用湿毛巾轻轻按压纸面，然后放在小木板上拓实，用油灯或蜡烛的烟进行熏烤，将样稿的形状清晰地印在纸上，以便作为刻制的参考模板。现今更常使用晒图来替代熏样。

熏样的过程中要求灯烟要浓，温度要尽量低一些（尽量使用火焰的内焰温度）。特别提出的是，现如今还可以采用晒图纸的方式达到熏样效果，这种方式因为提高了剪纸的生产效率，且"复制"的精度相对更高而被一些作坊式生产者广泛使用。但老一辈剪纸艺人们认为，晒图的纸样表面光亮更容易反光，刻制起来眼睛容易疲劳，同时纸样应力更大，刻制费力，还是传统的熏样工艺效果更佳。

5. 订纸闷压

根据图样的规格大小把熏样放在由几十张宣纸订成的宣纸板上（通常订40张左右的宣纸），用纸捻穿钉固定好后，用清水把纸板浸湿，再用重物覆压，使纸板充分压实，挤压出所含水分，悬挂晾干后就成为一块块平整硬实的纸板。

6. 刻制

刻制就是指在经过上述工序处理后，将纸板放在垫板上进行雕刻。在雕刻过程中，确保下刀用力，走刀要顺畅、流畅，确保雕刻出的图案无残屑或毛边，细节处不可有断裂的细线，从而可以避免在染色时出现断裂或图案不连贯的情况。握刀如握笔，需要保持刀柄竖立，手指要实，手掌要虚。握刀时要确保手的位置适中，将肘和小臂平放在桌面上，以腕部作为支点，并尽量保持动作稳定。

镂刻的顺序是先内后外、从小到大、从密到疏，循序而刻。用自制的各种样式的刻刀进行手工刻制，要求上下一致、不粘不连、干净利落。刻时要先刻细处后刻粗处，先刻中间后刻两边，阴刻和阳刻需要巧妙结合。

7. 染色

染，即点染着色。染色的过程是先把刻好的作品分成五六张一打，再把粉末状的品色染料分别放在调色盒里，用酒精或白酒调开，根据色样的需求调配成各种颜色，用毛笔以平涂晕染、点染、套染、渲染、洗染、补染等方法完成作品。

需要强调的是，一支毛笔只能蘸一种颜色，不能混淆，因为混淆后色彩不纯，染到作品上就会出现浑浊现象，影响观赏效果。染色工序也是有口诀的，"先染阳来后染阴，由浅入深规律经。尤其三种颜色配，比例适度亮新鲜。辅色技法要认真，浓淡过渡不死硬。三分刻来七分染，染色最忌花溢串，局部染好局部精，整体效果不可轻"。这个口诀基本概括了染色的规律。

8. 分拣、装裱

分拣就是轻轻地揉动已经刻染好的纸样，让纸张相互分离，然后按顺序逐张打开。将展开的剪纸夹在较大的透明宣纸上，根据类别放入事先准备好的封皮中，比如剪纸贺卡、相册、画册、礼品册、挂历、台历镜框和金箔等中。最后将剪纸放入镜框或纸板进行装裱。

蔚县剪纸制作工艺在全国范围内独具特色，与其他剪纸作品有着明显的区别。要充分彰显作品的艺术风格，就需要在创作过程的早期阶段将设计、雕刻和点染部分有机地融合在一起，平衡地考虑它们的作用，以确保作品不仅达到技术标准，更能实现预期效果。

（三）蔚县剪纸的传承人物与名家

1. 传承人物

蔚县窗花一直遵循着古老的传承方式，即采用一种口传心授、耳濡目染、技艺相袭的方式。

蔚县剪纸从始创的清代咸丰年间至今，涌现了众多优秀的剪纸艺人，他们用自己的聪明才智丰富和发展着蔚县剪纸。蔚县剪纸的传承方式主要有血缘传承，即祖承，父传子、祖传孙、兄传弟等；业缘传承，即师承；姻亲、朋友传承或地缘传承，或自学成才等。虽然蔚县剪纸的传承方式多样，但传承谱系十分清晰，这是传统技艺保密所致，同时也反映了小农经济的保守思想。

蔚县剪纸在发展过程中，出现了三个主要代表时期，分别是第一代王老赏时期、第二代周永明时期、第三代周淑英时期，这三个时期的蔚县剪纸作品都具有各自独特的风格。

王老赏为蔚县剪纸艺术作出了开创性的贡献，被誉为蔚县的一代艺术大师。王老赏的花鸟剪纸在外观上展现了与以往不同的风格，与之前的花鸟鱼虫类似的传统形象不同。他的剪纸作品呈现出更加优雅、独特的造型特点。王老赏在色彩运用方面受到了刺绣的启发，为剪纸作品增添了更丰富的色彩。在他后来的作品中，甚至可以观察到他使用了过渡色进行渲染。

周永明曾拜王老赏为师，并为蔚县剪纸的兴盛作出了重要的贡献。他的剪纸作品展现出了一种灵动而精细的风格，特别注重处理每一个细节。周永明的剪纸作品保持着相对简约的风格，色彩明亮、充满活力，颜色干净清晰，展现出与河北武强年画、天津杨柳青年画类似的色彩特征。周永明的作品相较于王老赏的作品，在呈现细节和描绘事物特征方面更加精细，色彩更加丰富多彩。周永明不仅运用了高纯度的色彩，色彩的搭配更加丰富绚丽，使得作品呈现出鲜艳华丽、令人愉悦的视觉效果，甚至在简单的样稿中也会运用十几种颜色。

周淑英继承了其父亲周永明的剪纸技艺，成为蔚县剪纸的第三代传承人物。周淑英为民间剪纸的发展作出了重要贡献，同时也是推动蔚县剪纸走向国际舞台的重要人物。周淑英毕业于中央美术学院，因此她对美的理解有着更加深入的看法，并且她还对剪纸的色彩技法进行了创新。她研究、开创了六种点染技法：杂染法、铺盖法、雾染法、叠染法、泼墨法、混沌法。进入 21 世纪后，随着我国非物质文化保护工作的持续开展与深入，许多优秀的剪纸艺人涌现而出。周兆明、周广、周淑英成为国家级非物质文化遗产项目代表性传承人；高佃亮、焦新德成为河北省省级非物质文化遗产项目代表性传承人；刘海滨、魏永清、周河、周志旺、周淑清、安晓燕、焦新胜、王峰、王文林、李宝峰、孙清明成为市级非物质文化遗产项目代表性传承人。

与此同时，在河北省蔚县周赐世家剪纸厂、中国河北蔚县南张庄周淑英剪纸工作室、王老赏周永明世家剪纸公司等 11 家剪纸厂的带动下，蔚县全县约有 2.8 万多人在从事剪纸行业，有力地促进了蔚县剪纸的传承与保护。

2. 剪纸名家

（1）任玉德

任玉德，河北省蔚县苗家寨村人，工艺美术师，中国美术家协会会员、河北工艺美术大师。

任玉德从小在母亲的影响下，开始从事剪纸艺术，1973 年到蔚县剪纸厂应聘并担任剪纸专职设计师。他经过长时间的生活积累和对民间技艺的学习，形成自己独特的艺术风格，善用夸张和装饰手法，作品乡土味浓郁。代表作主要有：《十二生肖祝寿图》《大古装戏曲人物》《福寿图》《闹元宵》《岳家将》等。1979 年春节，蔚县剪纸作品进京在"中国美术馆"展出，其作品《周总理》《孔雀开屏》等共135 幅作品参展；1990 年，创作大型剪纸作品《亚运颂》代表县政府和人民捐赠给"北京十一届亚运会"；2002 年，在第四届中国文艺"山花奖"首届民间剪纸作品大展中，其剪纸作品《中华龙》荣获金奖。近年来，任玉德的剪纸作品不仅被邀请参加国内外大展，还被全国报刊杂志、电视采用，早期创作的十二生肖剪纸《十二生肖祝寿图》被邮电部采用，制成《奔马跃长空》《勤牛喜拓荒》等邮票。任玉德共创作剪纸作品 3000 多幅，2005 年被中国艺术研究院聘为"民间艺术创作研究员"。

任玉德创作的《十二生肖纳福图》在 2000 年获中国剪纸世纪回顾展一等奖；《福寿延年图》于 2001 年获中国民俗风情剪纸艺术大展金奖。

（2）任志国

任志国，自号半痴，现为中国民间文艺家协会会员、中华文化促进会剪纸艺委会理事、现代剪纸艺术研究院研究员、全国公益广告百人艺委会委员、张家口市作家协会会员、京津冀文化交流使者、政协蔚县第十四届至十五届委员会委员、蔚县剪纸协会常务副会长、蔚县非遗传承培训基地副主任。

几十年来，任志国相继在《人民日报》《光明日报》《环球时报》等全国各级报刊发表作品千余幅，出版有《生肖百图》一书，10 余幅作品被中国农业博物馆、中国妇女儿童博物馆和中国国家博物馆等多家单位收藏。

2005 年、2008 年，他两次荣获张家口市委、市政府设立的文艺繁荣奖，多次应邀为湖南工艺美术学院、天津美术学院等开设的"中国非物质文化遗产传承人群研修研习班"进行授课及担任全国部分剪纸大展特邀嘉宾和评委。

2013 年，荣获《中华剪纸》年度评选"中华剪纸创作成就奖"。同年，20 余幅作品被中央文明办选用为公益广告作品，并在全国各地多种媒体上以不同形式展播。

2020 年，剪纸作品《打树花》被国家高中教科书美术分册选用，并受蔚县非遗中心委托担任执行主编，编撰中国《蔚县剪纸戏曲人物图典》。

2021 年 11 月 4 日，在央视电影 6 频道"非遗焕新夜"与蔚县剪纸守护人张雪迎共同展示了十大焕新作品"猫"。

2022 年，冬奥会开幕式与闭幕式上，任志国 7 幅原创作品被选用在儿童鸽和标兵等服饰上。个人词条被《中国民间文艺家大辞典》《中国民间艺术名家》等多部辞书收录。

圆吉祥系列剪纸作品是任志国自 2003 年以来陆续创作的，这些作品以蔚县剪纸中浓郁的地域风味和任氏剪纸喜庆祥和的创意风格见长，这些运用比喻、借物、谐音等艺术手法所创作的作品一经面世，即受到市场青睐和客户的广泛赞誉，并成为最受人们欢迎的畅销艺术作品之一。

（四）蔚县剪纸的保护措施

2003 年 9 月—2004 年 3 月，全国开展民间文化遗产抢救工程，蔚县政府组织普查队伍，走访 567 名古稀艺人，搜集各种资料 3835 份。在普查中重新修订和丰富了 1979 年第一次普查时排出的艺人传承祖系，查清了 1949 年前蔚县剪纸销售和传播的渠道及区域，发掘出一批极有价值的古剪纸和各种剪纸工具。

蔚县以举办节庆活动带动地方产业发展，活化发展地方文化与产业经济，擦亮"蔚县剪纸"世界民族品牌。自 2010 年起，蔚县举办多届中国剪纸艺术节，确立了"世界剪纸看中国，中国剪纸看蔚县"的领头雁地位。

2019 年 11 月，《国家级非物质文化遗产代表性项目保护单位名单》公布，蔚县文化馆获得"蔚县剪纸"项目保护单位资格。

二、武强年画

武强年画是源自河北省武强县的传统手工艺品之一，因其起源地而得名。其绘画风格具有浓厚的乡土气息和独特的地方特色，属于中国民间文化中独特的绘画形式。武强年画是在古老的耕耘文化、传统价值观和古老习俗的影响下，逐渐兴起并发展起来的地方艺术形式，被视为民间年画中的杰出典范。它的构图丰富多样，线条刚劲有力，色彩明亮耀眼，装饰独具魅力，充满着浓厚的传统风格。武强年画融合了许多民间特色，同时强调了时代变迁的主题，体现了人们对国家大事的关注以及追求美好生活的渴望。

武强年画经过历代艺人的苦心经营创作，形成了自己的独特风格和流派，与天津杨柳青年画、山东潍坊年画、江苏桃花坞年画、四川绵竹年画、河南朱仙镇年画相媲美，曾被人们誉为河北艺术的象征，其因深厚的民间民俗、独特的民族艺术风格而享誉国内，名扬海外。

（一）武强年画的历史发展

武强年画的产生可以追溯到元代以前，将其产生年代定为宋元时期是较为可信的，年画之称始于清道光二十九年（1849 年）。

明代初年，武强年画已经有了较高的造型设计能力和镌刻水平，已近成熟阶段。清康熙、嘉庆年间，各业繁荣，社会安定，为年画提供了很好的发展环境。这时，武强年画的生产以县城南关为中心，很多农民以年画为副业，辐射周围 68 个村庄，大多数农民农忙时务农，农闲时印画。武强县城南关形成全国最大的年画集散中心，著名的画店有天玉和、万兴恒、宁泰、泰兴四大家，之后相继出现了祥顺、德隆、东大兴、义盛昌、新义成、吉庆斋、同兴、大福兴等八大家。各村小作坊多如牛毛。这些大的画店长期雇工五六十人，有几十台刷画案子。最大的宁泰画店长年雇工 300 多人，在武强的南关有画案 100 多台，还在西安、内蒙古等地设有外加工点。他们一般都是长年生产，皆为前店后坊的经营模式。

清代后期，最为兴盛的是双兴顺、正兴和、乾兴、福兴德、德义祥、德祥，与从前老八家中的同兴、新义成加在一起，被称为新八家，仍以南关为中心，设有画业公议会。

19 世纪末到 20 世纪初期，随着中国社会的发展变革，人们的思想观念也逐渐发生变化。在这一时期，上海出现了胶印月份牌年画，天津出现了石印版画，这些画的出现冲击了木版年画的发展。直到 20 世纪 30 年代，随着这些年画、版画在各个地方的广泛传播，受其影响的木版年画也逐渐衰落。尽管如此，武强年画仍然保持着一定的规模和发展力量。

直到七七事变以前，武强年画生产仍保持着一定规模，武强南关开业的大小画店还有 77 家之多。

中华人民共和国成立以后，武强年画的发展得到党和国家的重视。

1951 年，老画师贾灵奎和张春峰作为武强年画界的特邀代表参加了河北省文艺工作者代表大会，省文联胡苏主席在大会上的总结报告中，对武强年画这一具有地方特色的民间艺术在党的文艺方针指导下，经过改革创新所发挥的作用给予了充分肯定。

武强年画产品，1979 年被评为河北省名牌优质产品；两次荣获河北省百花奖；胶印年画获部优产品，丝网印武强年画荣获全国金网铜牌（三等）奖；木版年画《大戳锤门神》获国家金奖。

1980 年武强县成立了年画学会，经文化部批准成立了全国唯一县级出版单位武强年画社（1995 年更名为河北武强画社），到 2002 年共出版发行武强年画 780 种，发行 6000 万张（册）。

1985 年，武强建立了全国第一家年画专题博物馆，后来成为国家级重点博物馆、河北省爱国主义教育基地、省国防教育基地、省级重点博物馆、国家 AA 级旅游景点，南京大学等十几所大专院校的教学研究基地。

1993 年 12 月，文化部正式命名武强为全国的民间木版年画之乡。

1992 年和 1994 年，举办了两届中国武强年画艺术节。

2002 年，武强年画博物馆完成二期工程；进行了第二次改建，并扩建了展厅和其他配套设施。

2002 年 10 月 16 日，举办了中国武强第三届年画艺术节暨中国工艺美术学会第 17 届年会。

2003 年，配合中国民协、河北省民协成功地进行了武强旧城村秘藏古版的挖掘抢救工作。

2003 年，被文化部评为中国民族民间文化保护工程首批十大试点之一，7 个专业试点第一名。

2005 年，武强年画被列入国家非物质文化遗产保护名录。

2006 年 1 月 22 日，国家邮政局为武强年画发行四枚特种邮票，武强年画成为国家名片。

2012 年，由武强县委县政府、河北大学工艺美术学院主办，武强年画博物馆、河北工艺美校承办的以"锦绣年画、时尚武强"为主题的时装秀活动，在武强年画博物馆广场举办，广场内灯火通明，热闹异常。来自河北大学工艺美院的 25 名学生时装模特，对新开发的武强年画时装 8 个系列 47 套服饰进行了展示，引起了观众的掌声和赞叹。

2018 年，武强县举办"纪念改革开放四十周年武强年画创作展"。

2022 年，武强年画博物馆举办"喜迎二十大·壮美新画卷"武强年画、绘画作品展。

（二）武强年画的风格特点

1. 设计样式多元

武强年画能适应各地人们不同的风俗习惯、房间布局，分门别类"量体裁衣"，有门画、中堂、对联、条屏、贡笺、窗画、灶画、月光、炕围、桌围、云子、开条、斗方、灯方、扇面、绣样儿、册页、西洋镜、博戏图等共计 30 余种形式，张贴或应用于不同部位都是有讲究的，可以满足广大人民美化生活环境、寄托民俗愿望的多种需求。

除了常见的轴画、托片、册页等形式，还开发了门票、明信片、首日封、书籍、画册、珠光板、景泰蓝、挂历、水晶内画、陶瓷、木版等工艺，有的结合中国结等其他饰品，精美独特，成为年节馈赠亲友及国外友人的精美礼品。

2. 年画题材丰富

武强年画题材丰富多彩。从天到地，从古至今，从幻想到现实，有神像、戏曲、节俗年画、历史典故、农事耕作、风趣幽默、娱乐百戏、新闻时事、组字画谜、智力游戏、山水、人物、动物花卉等，种类繁多，成为农耕社会民间艺术的百科全书。

3. 构图设计饱满

木版印制工艺的基本要求就是要有着饱满的构图。木版年画需要通过手工印刷的方式绘制，如果画版上有大面积空白，就会导致纸张弯曲并损害画面的质量。因此，艺术家通常会尽量将画面填满，避免留下空白。即使在无法填补的空间中，他们也会添加一些与主题相关、象征吉祥或发财的图案。或者在大量空白的地方刻制独立的垫版符号。这种饱满的画面增添了一种丰富感和热闹氛围，同时传达了人们渴望美好生活、丰裕圆满的愿望。

4. 人物造型夸张

武强年画在刻画人物造型方面，讲究夸张的手法。人物造型主要对头部进行夸张处理，重点将眼睛表现出来，并且人物大多都是五短身材。在刻画人物造型上，不同的人物要有不同的表现。例如，武将要有勇猛威武之风、文官要舒展大气、童子要稚嫩活泼、美女要窈窕秀气等。除了有着夸张的人物造型，在动物造型的刻画上更是夸张，主要对头部进行夸张处理，常有"十斤狮子九斤头"的说法。

5. 线条粗犷简练

武强年画在绘稿上大多用线简练，线刻大刀阔斧、挺拔疏落、粗犷奔放、高度概括、阴阳兼并、阳刻为主、阴刻为辅，运用黑白对比的手法，展现出古朴稚拙的艺术风格。也有一些作品阴阳结合、刚柔并济，以粗犷有力的线条区分大的轮廓结构，以委婉顿挫的线条勾勒细部装饰，通篇看去整体既大气磅礴又精致细腻。

6. 色调色彩鲜明

武强年画色彩鲜艳、对比强烈。印刷以红、黄、蓝三原色和黑白为基调，通常神品为红、黄、蓝三套色，戏曲、花卉类则增加一个品红。因黄、蓝重叠可压出绿，黄和粉红重叠可压出橘红，粉红与蓝重叠可压出紫，这样，三套色版可印出红、黄、蓝、绿、紫五种颜色，四套色版可印出红、粉、黄、蓝、绿、桔、紫七种颜色，有着丰富的色彩效果。

（三）武强年画的制作工艺

武强年画通常需要经过绘、刻和印三个步骤才能完成。古代的武强年画是完全由手工制作的。随着市场需求的增长和雕版印刷技术的进步，木版套色年画逐渐兴起。这种艺术创作由一支团队共同完成，画师负责设计样稿、刻版师进行版画雕刻、印刷师负责印刷，三道工序缺一不可。在创作设计中需要遵循构图丰富、造型夸张、突出主题、简洁线条、精练着色、强烈对比的风格和特点的原则。在刻版时，要求使用陡峭的刀刃刻出清晰的线条，以展现出木材独特的纹理和质感。

制作工艺分以下两部分：

1. 墨线版

第一道工序是在备好的杜木板和画稿上做好标记，然后用糨糊粘牢粘实，待干后，起样子、涂香油，上样子完成。第二道工序，用主刻刀镌刻，刀法有发刀、挑刀、补刀、过刀、掖刀。第三道工序，剔空、平空、拨空，完成线版刻制。

2. 套色版

画师设计的分色（择套）样稿分别粘在备好的杜木板上，操作和墨线第一道工序相同；第二道工序是行空，围绕色块轮廓保持一定深度和距离，切断图案与空处的连接；第三道工序是剔空、平空，把所需色块之外的空处剔除，再把行空挤压处喷水使其复原，晾干；第四道工序：用主刻刀刻除色块或图案边缘的空白处；第五道工序：平空、拨空，套色版完成。然后打样试版，做最后修整，再交付印刷。印刷时首先按照画版的大小把纸裁切好，固定在印刷案子（工作台）上，传统制作是先印墨线，然后印套色，由浅色到深色，要求套色准确，不秃、不污、四角齐全，颜色鲜艳。

武强年画的刻版技法多种多样，有的精雕细刻、表现入微；有的粗细相兼、适得其妙。运用黑白对比的表现方法，充分发挥刀味木趣的特点，但始终保持版画的风格。

经过多年的实践，年画艺人积累了丰富的配色经验，通过调整颜色面积的大小、深浅程度或相近排布方式，实现了既鲜明对比又整体统一的效果。在年画的刻版中，要求平面色块呈现出更多的深度和立体感，同时使用少量色彩展现多样的变化。为了增强色彩效果，可以在重点部位使用一种或多种颜色进行复印。每件作品都有一个突出的主调，这种主调呈现出明快、强烈、鲜明的视觉效果，给人以生动活泼的印象。

随着时代的逐步发展，武强年画不仅保留着传统的印刷工艺，如木版印刷、丝绸印刷，也在木版年画胶印方面进行着新技术的创新发展。

在对武强年画进行刻版时，其手法要干净利落，并且要以阳刻为主、阴刻为辅进行刻画。以这种手法刻画的线条才会有坚韧挺拔、粗犷奔放的感觉，从而能够呈现出古朴美。

在进行刻版时，木材的选择也是十分有讲究的，要选择木质较硬、有着细腻纹理的木材，这样才能便于雕刻，同时也具有耐磨损、沾水不易变形的特点。因此，通常选择本地生长的杜木和梨木。一般情况下，制作一幅完整的彩色套版的武强年画，需要4～6块画版，这是因为彩色的套版有红黄蓝三种颜色，有时也会需要粉红色和灰色。

早期的印刷纸张，通常使用的是当地的芦苇和麦秸制成的纸，现今武强年画的纸张使用，要选择熟宣纸。早期的年画通常使用的是植物颜料，现今则主要用国画色或者广告色。

为了让人们能更好地欣赏武强年画，同时为了武强年画能接近现代人们的生活和审美，武强年画艺人会将刻画好的年画作品，放在画轴、画片、画镜等形式中进行装裱。随着社会的快速发展，现代武强木版年画为了能够适应社会发展，其装裱和包装工艺逐渐向高档化方向发展。

（四）武强年画的传承人物

武强年画的技艺传承多为师徒传承，家庭传承较少。民国时期及其以前的刻版艺人已无从考证，中华人民共和国成立后，从事画版镂刻的艺人有20余位。20世纪50年代末，武强组建了南关画业合作社（后改为武强画厂），当时有陈文柱、王福安、贾世海、李万章、贾元祥等六七个艺人从事刻版。

马习钦从事武强年画艺术几十年，镂刻了具有各种内容的画版400余套，在刻版、印刷技艺方面不断研究探索，提高了木版画的质量，拓展了年画市场，先后培养刻版人员6名，印刷人员4名。他的作品多次获河北省及国家大奖，被海内外专家学者广为收藏。1978年和1979年，武强年画连续两年被命名为省级名牌产品；1984年，被评为河北省工艺美术品百花奖；1989年，在全国首届工艺美术佳品及名艺人作品展上，木雕财神获鼓励奖；1994年，中国民间艺术一绝大展上，其镂刻的武强年画《大戳锤门神》荣获金奖；1995年，在万博杯全国艺术之乡艺术精品展示大赛上，其刻制的门神画版大戳锤、小戳刀、小鞭铜获三等奖。

马习钦师从孙慧荣，二人对武强年画艺术的传承与发展作出了重要贡献。在改革开放之后，马习钦结合了现代人的审美观念，对大量优秀的传统年画进行了复制，并且也在不断产出新的年画作品。

三、衡水内画

衡水内画是中国所特有的民间工艺，衡水内画主要是在鼻烟壶的内壁进行绘画，其主要分布在河北省衡水市及其周边地区。衡水内画的工艺十分精细、巧妙，这种民间技艺让人叹为观止。

衡水内画有着十分独特的艺术魅力，由于其起源于衡水，因此，衡水又被文化部命名为中国内画艺术之乡。衡水内画的颜料分为中国画颜料、油画颜料以及丙烯颜料等。衡水内画不仅有以国画色为主的国画类型画种，同时也结合了国画色和油画色的表现手法，主要临摹各种类型、各种画种的画面效果。衡水内画的艺术特点包括具有深远的立意、巧妙的布局、多样化的风格、准确的造型、色彩典雅等。衡水内画最擅长描绘人物肖像，尤其是在婴戏图和百子图这两种题材上展现出其独特的艺术风格，能够反映出衡水内画鼻烟壶的艺术特点。

2006 年 5 月 20 日，衡水内画经国务院批准被列入第一批国家级非物质文化遗产名录。

（一）衡水内画的历史发展

鼻烟是一种混合了香草、香料和花露的褐黄色粉末，将其混合到烟草中，有助于消寒和保健。在明代万历年间，鼻烟由意大利传教士利马窦作为贡品带入中国。在清代，宫廷中使用的鼻烟已经开始流传到了民间，并在民间广泛流传，十分受人们的喜爱，这一时期的人们见面后都会相互递送烟壶。此外，人们热衷于收藏各种器皿，这个风气促使鼻烟壶的制作变得更加精美。1696 年，喜爱鼻烟的康熙帝建立了中国的第一家玻璃厂，主要生产鼻烟壶，用来奖赏或赠送给王侯大臣和外国使节。

乾隆年间，鼻烟壶制造的材料由料器（玻璃）、瓷器发展到象牙、水晶、玛瑙、珊瑚、琥珀、竹根等。八旗子弟炫耀地位、身份的标志之一就是鼻烟壶。咸丰年间的《鼻烟歌》中写道："凤凰鸾鹤摆雀鸮，麒麟狮象蛟龙鱼。仙山楼阁烟云嘘，泉石卉木蛙蜢俱。"[①] 鼻烟壶的选材、制作、装饰精打细琢，它的材质包含金属、玉、石、陶器、料器、有机物六大类，工艺内容包括了传统的写、画、雕、

---

① 搜狐网.衡水内画：方寸之间描绘中国意象 | 城视界 [EB/OL].（2017-6-5）[2023-9-28].
https://www.sohu.com/a/146160583_196727.

刻、镂、錾、烧、焊、凿、磨、镶、嵌、铸、错、粘、漆及模压技巧。鼻烟壶成为清代工艺美术的缩影,被后世称为集中国多种工艺结合而成的袖珍艺术品,家喻户晓。

乾隆晚年,内画鼻烟壶面世。内画使鼻烟壶工艺具有"寸幅之地具千里之势"的艺术效果,使鼻烟壶工艺达到了精妙绝伦的水平,被称为神乎其神、独树一帜的艺术。这种艺术为中国独有,是集中华民族艺术精华的袖珍艺术品。艺术家们凭着精湛的书绘艺术和敏锐的艺术感觉,面对掌心般大小的烟壶以及只有笔杆一样粗细的壶口,以细小的特制勾笔伸入壶内,反向绘画和写字,从外观赏,深感精妙绝伦,不知方寸之内如何能做到,疑是鬼斧神工。1968 年,各国收藏家创办了国际中国鼻烟壶学会。专家们将中国内画艺术分为京、冀、鲁、粤四大派。

京派最早出现于乾隆年间,出现了很多优秀的内画大师。例如,晚清和民国初年善于画人物的马少宣、孙星五、叶仲三父子,擅长山水花鸟的周乐元、丁二仲、自怡子等十几位大师。刘守本是现代京派的代表人物。京派用竹、柳钩笔作画,画风朴素、笔法遒劲、淡雅绚丽,着色充足圆润。

光绪年间,山东老艺人毕容九将内画技艺带回至博山,随着时代的变迁,不仅对内画工具进行了改革,开始使用竹、柳毛笔绘画,同时还改善了内画染料,由此诞生了鲁派内画。鲁派内画的特点主要是具有细致的线条、丰满的画面以及优雅流畅等。

粤派内画的创始人是吴松龄,粤派内画又称桃江内画,其烟壶十分秀美、潇洒,壶身主要以描金图形装饰,给人一种雍容华贵的感受。

衡水内画的创始人是王习三,他是京派老艺人叶仲三之子叶晓峰、叶奉祺的第一位外姓弟子。在 20 世纪 50 年代末,王习三已经熟练掌握了叶派内画技法,之后,他将猫画引入鼻烟壶中。他运用了工笔撕毛法,将猫的眼睛活灵活现地描绘出来,同时也将猫毛的质感描绘了出来,这种技法的创新,改变了国画写意技术在画猫方面的死板、不灵活、没有真实感的问题。

(二)衡水内画的工艺特色

目前,在工艺技术、艺术风格、花色品种、市场营销、从艺人员和社会影响方面，衡水内画都暂居领先位置。衡水内画的风格可概括为立意深远、构图细腻、设色相和精润、线描技艺丰厚、精彩纷呈、口碑载道。金属杆钩毛笔、油彩内画、系列烟壶三项是从绘画工具到绘画技法及绘画形式的革新。

中国内画鼻烟壶注重表达意境之美，侧重于在作品中体现情感和灵感，注重以笔墨表现物象的神韵。直到20世纪80年代之前，国画一直主导着内画领域，在描绘人物肖像方面，其风格和西方油画完全不同。如何让鼻烟壶的内画更富有表现力，超越传统水彩画作的限制，成为衡水内画更深入探索的新方向。衡水在1981年开始尝试使用油彩作肖像内画，旨在实现油画独有的生动逼真效果。由于壶壁不吸油，因此艺术家在探索使用油彩进行内画时遇到了困难。经过多次尝试和实验，艺术家最终成功地掌握了使用固定剂的方法，从而使得油彩内画的技术得以发展。这种技术让内画的图案、形态和意境达到了一种自如流畅的状态。

（三）衡水内画的制作工艺

在绘制"叶派"内画时，通常使用竹柳勾笔，但在描绘细小细节时可能有些力不从心。"鲁派"使用柳枝或竹枝制成的笔杆，之后在笔杆上缠上狼毫或羊毫，为内画精细创作提供了更方便的工具条件。内画工具得到了改进，但也存在一些问题，比如笔尖可能不够牢固，在处理肩头有死角的瓶身时，操作可能会有困难。王习三在受到村里剪电线的启发后，设计出了一种金属杆钩毛笔，并将其命名为"习三弯钩笔"。这支笔的笔杆可以灵活弯曲，根据创作者的需要随意调整，比传统的毛笔更具灵活性、耐用性和稳固性。这种笔也被认为是冀派独有的标志性工具。

衡水内画不仅保留了叶派画法的厚朴古雅的特点，同时也吸收了鲁派细腻流畅的传统画法。此外，衡水内画还将国画的技法融入其中，如画衣服纹理用到的"皱"法、衣服本色用到的"染"法、过渡色用到的"擦"法，以及画猫毛用到的"撕"法等。在绘制过程中，要灵活运用各种技法，如快、慢、重、轻、提、按、转折、方圆等，从而充分发挥出国画技法的作用。

（四）衡水内画的传承人物

1. 王习三

王习三，原名王瑞成，于1938年出生于河北阜城县杨庄村，是中国著名工艺美术大师、一级美术师。1957 年，王习三高中毕业后考入北京工艺美术研究所。王习三师从叶晓峰、叶菶祺，是他师傅的第一位外姓弟子，也是祖传五代的叶派艺术的传人。

王习三是衡水内画烟壶艺术的创始人，自 1968 年以来连续培育出很多内画新人。我国香港的《工艺与美术》杂志在 20 世纪 60 年代提到王习三的内画艺术，称其技艺精细、题材广泛，高出各家高手一筹。他的画作题材广泛、构想高雅、绘声绘色、图文并茂，自成一种有口皆碑、朴素敏捷的作风。

王习三在 1983 年被国际烟壶学会授予荣誉会员，他是该会第一位中国籍荣誉会员。1985 年他完成的"美国历届总统肖像系列烟壶"赢得中国工艺美术品百花奖中的金杯珍品奖，在 1986 年被国家授予"有杰出贡献的中青年专家"称号，在 1989 年又荣膺了"全国先进工作者"称号。他还发起了中国鼻烟壶研究会，在担任一至四届主席期间，推进了工艺美术事业发展，发扬了中华民族艺术，增加了国际学术交流，作出了非凡的成绩。

2. 王百川

王百川，本名王自力，河北省阜城县人。1949 年生，自 1968 年开始跟王习三大师学习内画，是衡水内画第一传人。在几十年的艺术生涯中，王百川在继承传统的基础上，积极探索、力求出新，使他的作品有非常浓重的个人风格：笔法精炼、简约详尽、清新明畅、庄重而淡雅、书法素净秀劲、作品材料广泛而无不精到，充分体现出个性化风格。

他早些年曾到美国、加拿大等地献技，其作品早就被日、美、欧、东南亚各地烟壶爱好者收藏，并多次获奖。1982 年，《天下第一关》荣膺世界旅游大会优秀奖；大作《群艳图》曾获得国际烟壶年会优秀奖；《百子图》曾被授予全国工艺美术品一等奖。

3. 王冠宇

王冠宇，1949 年生于河北阜城，1962 年就读初级中学，著名内画艺人，因为家庭条件贫苦退学回乡务农，后靠自己刻苦钻研成才；1969 年拜内画大师王习三学艺，从此专攻内画鼻烟壶；自 1983 年开始曾先后赴巴西、美国、新加坡、日本等地举办内画展。代表作品有《秋风行》《风雨归牧图》《竹林逸兴》《哨鹿图》

等。有收藏家评其作品意境风雅、挥洒自如、独树一帜。《亚洲艺术》《中国内画鼻烟壶新貌》等著述都对其有介绍。

四、丰宁剪纸

剪纸（丰宁满族剪纸）是河北省丰宁满族自治县传统美术，也是国家级非物质文化遗产之一。

丰宁满族剪纸起源于清代的康熙年间，经过时代的发展演变，到了乾隆年间，丰宁剪纸形成了独具民族与地方特色的风格。丰宁剪纸主要以阳刻为主、阴刻为辅，其剪纸线条十分流畅细腻，有着极为精湛的工艺。在清末民初时期，丰宁剪纸的发展达到了顶峰时期。丰宁满族剪纸的主题主要包括花鸟鱼虫、山水风光、吉祥类、人物、动物、盆篮碟盘瓶、花字等。其表现形式主要分为四种，分别是单色剪纸、填色剪纸、复色剪纸、点染剪纸等。

2006 年 5 月 20 日，剪纸（丰宁满族剪纸）经中华人民共和国国务院批准被列入第三批国家级非物质文化遗产名录。

（一）丰宁剪纸的历史渊源

丰宁满族剪纸产生于清代康熙年间，距今已有 300 多年的历史，其传承脉络清晰，到清代乾隆年间已经形成了自己的派系和风格。丰宁满族剪纸艺术兴盛于民间老百姓对美的追求以及对生活、生产的需要，真实地传递了 300 多年来满族的民俗文化。

明末清初，丰宁满族自治县已有旗人入驻。到清初，清顺治二年（1645 年）建的宝华寺、康熙年间建的黄旗庙宇、清初建的大阁普宁寺，都证实了清初的繁华景象。清政府为避免八旗后裔忘却根本，在丰宁汤河川以西建起皇家西围，直到 1920 年才被拍卖给民间。康、雍、乾时期，大量皇庄、旗庄、马场在丰宁聚结，大批地名以旗、营、栅子命名。又因八旗制是军事建制，又是行政建制，满族人以完整的家庭甚至家族为单位入驻明代的弃地，因此满族文化也开始在这里扎根，虽然为了生计，晋、鲁、豫的灾民拥入这里为旗人扛活，汉满两族文化发生了碰撞，但由于特定的历史原因，满风旗俗一直占据着丰宁文化传承的主导地位，剪纸当然也不例外。

清末民初，丰宁满族剪纸进入鼎盛时期。

1949年后，剪纸艺术在形式和内容上又有了进一步的发展，更为贴近现实生产与生活。

1960年以后，剪纸艺术创作进入低谷。

1982年，丰宁民间剪纸队伍被重新建立，其作品随着各种展览和出国表演在海内外造成广泛的影响。

1987年，丰宁满族自治县建立，满族文化得到极大的恢复，一批满族剪纸以崭新的面貌重新登上艺术的殿堂。

（二）丰宁剪纸的主要特征

丰宁满族民间剪纸艺术图形的背后，蕴藏着民族文化心理活动的深层世界观，是具有说服力的"有意味形式"的美学表达。这种艺术形式根据虚实相结合的剪纸技巧，展现了一种超脱世俗的情感氛围，使其在艺术表现上与其他形式有所不同。

丰宁满族民间剪纸作为一种装饰艺术作品，通过"有意味的形式"展现出强烈的表现力。剪纸图形展现了精美的线条设计，通过线条的方向、粗细、排列和形态，展示了精神性符号图形。民间艺人运用剪刀进行剪纸的过程，生动地展现了创作者内心的经历和感受。这种以精神信念为基础的形式符号在美学上更容易被欣赏者接受，用来装饰空间。

丰宁满族剪纸按照习俗用途可分为窗花、祭神祖吊签（挂签）、节令剪纸、礼花、室内装饰用花等，如五月节的葫芦剪纸、八月节的团圆剪纸、结婚时的喜庆剪纸、丧葬的素色剪纸、做寿的寿花、迁居的礼花、生育时的抓髻娃娃、房屋装饰的顶棚花、炕围剪纸等，这些都是满族人在生活中对民族习俗、民族文化的延续和体现。

（三）丰宁剪纸的制作工序

1. 常用的工具

常用的剪纸工具主要有剪刀、纸、铅笔、大头针等。剪刀的刀尖要尖、长、齐，刀背要薄，刀口要松紧适宜。铅笔是起稿用的，即在纸上画图样用的。以前的人们为了保留纹样，会将剪好的纹样衬在新纸上，然后举到油灯的油烟上去熏，新纸上就会留下需要的纹样。这种方法叫熏样。大头针是在多张纸被同时剪刻时为固定纸的位置用的。

2. 剪纸的程序

剪纸的程序一般分为三步：第一步，起稿；第二步，单剪或折剪；第三步，染色或拼贴等。具体流程是起稿、折剪、剪纸、刻纸、凿纸。

3. 剪纸的剪法

常用剪法有两种：直插刀法和开口刀法。直插刀法是先用剪刀的刀尖扎入图案中要去掉的部分，再剪。开口刀法是将要剪掉的部分稍作对折，从折后重叠的地方剪开一个小口子，再往下剪。

（四）丰宁剪纸的传承保护

1. 传承价值

丰宁满族剪纸由于其制作简单，无需设备场地，从一开始就是民间自娱自乐、自己制作，是人人可以参与的一种民间艺术形式，只是艺术、技巧水平有所不同。因此，丰宁满族剪纸具有满族特有的剪纸艺术语言，也被当地人称之为"炕头上的剪纸"。

丰宁满族剪纸在中国众多的民间剪纸中，凭借着自身的独特的艺术魅力被人们所熟知。在丰宁地区，人们通常会将剪纸与民俗相结合，将剪纸应用于生活的各个方面与各种节日中。人们还会将自己的情感、祝福与希望寄托在剪纸上，这不仅使得丰宁剪纸有着独特的艺术风格，同时还具有地方与民族的特点。另外，丰宁剪纸不仅展示出满族的风土人情，也散发着浓厚的乡土气息。

2. 传承人物

张冬阁，出生于1945年，河北丰宁人，第一批国家级非物质文化遗产项目的代表性传承人，连续三届获得承德地区（市）专业技术拔尖人才。同时他担任着众多职位，如中国美协河北分会会员、中国民间文艺家协会会员、中国艺术城特聘画师、中国剪纸学会理事、承德地区（市）美协理事、河北省民间美术研究会理事、河北省民间艺术大师（剪纸）、新加坡新神州画院特聘画师与院士、享受国务院颁发政府特殊津贴的专家。

3. 保护措施

2011 年，为了延续丰宁满族剪纸，丰宁第一小学开展并增加丰宁满族剪纸课程。

2019 年 11 月，《国家级非物质文化遗产代表性项目保护单位名单》公布，丰宁满族自治县非物质文化遗产保护中心获得"剪纸（丰宁满族剪纸）"项目保护单位资格。

第二节 编织扎制

一、大名草编

草编是一种非遗传统手工技艺，主要使用草本植物作为原材料进行编织。编结是一项由中华先民早在远古时代就掌握的技艺，被广泛用于制作实用物品。中国民间传统编织技艺源远流长，历经千年沉淀，并在逐步发扬光大。

分布地区：邯郸市大名县。

大名草编是河北省邯郸市大名县的特色艺术。河北省域内民间草编工艺的主要发源地为河北省东南部的冀、鲁、豫三省交会中心处——大名县内的西付集乡。"张庄刘村大道边，男女老少编花篮"，这是在河北省流传的歌谣。

大名县的草编，以天然、优质的小麦莛秆等为天然原料，经过精心选料、拔莛、浸泡、掐辫等十几道复杂的工序编织而成的。我国的草编手工技艺是一种重要的民间艺术表现形式，它展现和传达了中国古代以简约为美的审美观念，并且对美化家庭、丰富生活起到了积极的作用。

大名草编品有服饰提袋、茶垫、坐垫、地席、门帘、果盒纸篓、拖鞋以及用麦草和草辫制作的装饰画、装饰盒等。2008年，大名草编入选第二批国家级非物质文化遗产名录，同年，入选第一批国家传统工艺振兴目录名单。

（一）大名草编的历史发展

大名县历史文化悠久，春秋时期是著名的"五鹿城"；唐德宗建中三年（782年）称"大名府"；宋仁宗庆历二年（1042年）建陪都，史称"北京"。

草编工艺的发展有着悠久的历史，现今还能看到的中国最早的草编遗物是距今七千余年前河姆渡人制作的。根据《礼记》记载，周代就已经出现了专业的"草工"，并且当时已经有了用莞（即蒲草）编织的莞席了。而在春秋战国时期，就已经出现了用萱麻和蒲草编织的斗笠。到了秦汉时期，草编在民间已经广泛流传，其编织的类型也是各种各样，包括草席、草鞋、草帘、草扇、蒲团等。草编的发展从汉代到盛唐时期都是十分繁荣的，并且在唐代，草编十分常见，小到生活用品，大到出行用品，都有着草编的身影。不仅有草席、蒲衣（蒲草编织的服装），还有蒲帆（蒲草编织的船帆），蒲帆有着宽大的幅面，能够应对大风大雨等恶劣天气，是一项独特的创造发明。《清明上河图》是北宋时期著名画家张择端创作的作品，画中描绘了许多百姓戴着草帽的场景，也从侧面说明草帽是当时很普遍的手工制作品之一。

关于草编的传说，有人认为草编手工技艺是在清代雍正年间由山东掖县（今山东莱州市）传入大名县。起初这一手工技艺主要在西付集乡朱家村一带流传，之后才逐渐传播于大名的卫东地区。随着掐编手工技艺的传播，草编不仅家喻户晓，就连妇女和儿童也逐渐掌握了这一技能。其主要用麦秆编织草帽和提篮等物品。相关史料记载，在清代中期，有这样一个传统：在女孩出嫁后的第一个夏季，要从娘家拿几顶自己编织的草帽送到男方家，这种草帽就称为"回春帽"。也正是这一传统习俗，促进了草编制品的发展。

随着社会的发展以及人们对草编制品需求量的增加，草帽和草帽辫也由原先的自用品，逐渐变为商用产品，开始了大规模生产与销售。在中华人民共和国成立之前，可以用草帽辫换取小米等生活必需品，这在当地流传的歌谣里可见一斑："草编是个宝，农民离不了，掐个辫子缉个草，灌油盐酱醋有钱了，灾年能换粮，丰年添衣裳。"

大名县在成立草编厂之后，便开始了草编手工技艺产品的深加工。他们推出了千种草编制品，并将其销售至欧亚等国家，这对大名县的经济发展和农民的收益都产生了积极的影响。由草编制成的服装系列在时尚领域赢得了大量专家和时尚模特的青睐，并且他们都非常珍视这一系列的产品。

改革开放后，草编工艺师们开始运用前沿的现代化技术。在传统的麦秆草帽和提篮基础上，加入了如衣物、提袋、茶垫、坐垫、地毯、窗帘、果盒、垃圾桶、拖鞋和由麦草与草编制成的艺术品及装饰盒等众多新的元素。我国的草编技术已逐渐成为非物质文化遗产中的核心部分。草编作为中国传统非遗手工艺品的象征，它融合了丰富多彩的文化传统和深刻的文化底蕴。其价值不仅经济实用，而且它在审美鉴赏和价值上也有较高的价值。

（二）大名草编的特点与价值

大名草编的基本特征是：原料取源于小麦，取材方便且数量繁多，具有普遍性特征；简单易学，可操作性强，妇孺皆能，具有普及性特征；从取材到制作至成品的过程中，对大气无污染，对人体无损害，具有自然性特征。

大名草编主要有两方面价值，分别是艺术价值和实用价值。艺术价值主要体现在其作为中国传统民间艺术的重要组成部分，在展现中国古代简约审美观念和文化认知方面具有重要意义。挖掘、探索和发展草编手工技艺，可以进一步丰富民间艺术的内涵。而实用价值则主要体现在草编手工艺品在日常生活中，不仅起到了装饰家庭的作用，同时也为生活品位增添了一份特别的魅力。

（三）大名草编的制作工艺

不同地方的民间手工艺人根据实际情况，善于利用草本植物的柔软部分进行编织，如秆、皮、芯、叶、根，并且在编织过程中，还会运用多种编织技法，如编、结、辫、扎、扣、网、缠、绞、盘、串等。正是民间工匠的因材施艺，使得草编逐渐成为人们日常生活用品的重要物品。此外，由于我国地大物博，草本植物资源也是十分丰富的，并且南北方都存在适于编织的原材料，这促进了各类草编的繁荣发展，并且还各自具备独特的地方特色。

虽然大名地区的"掐草帽辫"技艺，妇孺皆能，但是要想真正意义上掌握这门技艺是非常艰难的。

下面主要介绍编织草帽的步骤：

第一步，选材。要先去农家收集大量的麦秆（麦莛），麦秆通常有六节，关于麦秆的使用部分，也只有麦穗以下、第一节以上的茎秆适合用于编织，而二、三节则可用作配料，其他部分则不宜使用。

第二步，将茎秆放入水中浸泡2～3分钟后取出。当茎秆水分充足时，会变得柔软灵活，不会太硬脆容易折断，这时便可以进行编织。在编织的过程中，要选择三根白色和四根颜色泛黄的茎秆。掐编和续编的过程中，要始终以白色茎秆为中心，这样才能编出带有规律花纹的草辫。

第三步，编好草辫后，将其用硫黄进行熏制，可以放入大缸或者大箱子里熏制，熏制后的草辫具有明亮的光泽，之后就能编织草帽了。

除了上述的熏制方法，还可以在水中加入适量的漂白粉，将麦秆浸入水中，之后用开火煮。在加温 7 天之后，将表面的浮色清洗干净。之后就可以把彩色颜料均匀地涂抹在草帽上，让麦秆自然晾干，这样就能制成色彩丰富的草帽。

"平编"是一种常见的草编技法，用于制作草帽辫。平编可以分为三股、五股、七股和十一股。"股"是指麦秆编织麦辫时的分支，分支的数量越多，编织的麦辫就越宽。三股辫的编织方式与女孩子梳辫子的方法类似，在这里不详细介绍，仅介绍五股辫的编织方法。下面先介绍一下，在草编中的常用术语，只要是当前动作的麦秆压在另一束麦秆之上时，称为"压"。被其他麦秆压住时，被称为"挑"。比如，"压一挑二"指的是当前动作的麦秆压住一根麦秆，之后又被其他两根麦秆压住。关于其他的术语，可以此类推。

五股辫的编织方法：

第一步，起头。取三根麦秸秆，两竖一横中间交叉。横压住右侧竖的一根，左侧竖的一根压在横上。

第二步，将右边一根麦秸秆的上部向左折，压住左边竖向的麦秸秆。

第三步，将左边麦秸秆的上部向下折，压一挑一。即折 180° 压住横向的一根，又被横向的另一根压住。

第四步，将已经编好的部分顺时针转动约 135°，使两组麦秸秆分别朝向左上方和右上方。起头完成。

第五步，最左边的一根右折，压一挑一。

第六步，最右边的一根左折，压一挑一。

第七步，最左边的一根右折，还是压一挑一。

第八步，最右边的一根左折，压一挑一。

第九步，最左边的一根右折，压一挑一。

第十步，最右边的一根左折，压一挑一。

此时不难发现五股辫的编织规律，那就是，总是左右轮流将最外边的一根麦秸秆向里折，折进去之后压一挑一。

在编织、折叠麦秆时，下手要先确认好方向，之后按照先轻后重，压、挑等方法进行编织。在编的过程中，要将折叠处的麦秆捏扁，这样才能更好地进行编织。同时在编的时候注意调整前面已经编好的部分，调整其间隙，使得编好的草辫松紧均匀、结实整齐。如果用完了一根麦秆，需要重新续上一根新的麦秆时，要将新续的麦秆与旧的麦秆保持同一个方向，并且麦秆的端头要压在下面。在后续的编织过程中，就可以按照这种方法以此类推。

编织的方法除了平编，还有可以编出鱼鳞纹的交编和编织笼子的立编。

（四）大名草编的传承方式与传承人

大名草编工艺的民间传承一般采用现场示范方式传承。详细记录的传承内容很少，也因其具备普遍性、广泛性、简易性，大名草编工艺传承不像其他技艺的传承那样系统和规范。

中华人民共和国成立后第一代主要代表人为朱双善，第二代为李印生、王承恩、张春元，第三代为李大明、朱自修、胡秀娥，第四代为王群英、李纪平、杨忠民、李志刚、谷庆彬、裴松涛、李晓凤等。

（五）大名草编的传承现状

1. 原材料受限

麦莛是生产草编的原材料，这是因为与普通的麦秸相比，麦莛更加具有弹性，整体更加细白光亮，并且它粗细也较为均匀、长度也比麦秆长。在收割麦莛时，为了保证麦莛的完整性，需要使用镰刀进行手工收割，也比较费时费力。此外，由于麦莛价格十分低廉，这导致农民种植莛麦的成本，得不到相应的回报，经常入不敷出，同时又由于企业很少下乡直接从农民手中收购麦莛，因此，大名草编的原材料来源受到一定限制。

还有种植方面的因素导致草编原材料的减少。如农民为了在种植方面有较高的收成，开始广泛种植低麦秆、高产量的麦种；在收割麦秆时，会使用麦秆直接还田的机器进行收割。这些因素直接减少了对草编原材料的收取，成为阻碍草编传承的主要因素，"消失"的人名草编厂就是一个例子。

草编产业使用的材料多数都是纯天然的植物，因此原材料受到季节性的影响，只能在这一植物生长的季节使用。

2. 市场需求较低

随着科技和经济的发展，消费者的审美观念发生了重大改变，同时由于私人手工作坊式的草编产品无法与时代的发展相适应，进而也无法及时满足消费者的需求，导致消费者对这类产品的需求逐渐下降。

3. 所需资金力度大

传承非物质文化遗产需要大量资金投入，而仅仅依赖中央专项财政支持可能会带来融资渠道的狭隘问题。尽管中央专项资金不断增加，但仍然无法满足大名草编非物质文化遗产保护与传承工作的可持续发展需求。

（六）大名草编传承发展的对策研究

1. 拓展原料种类

为了解决麦莛原料缺少问题，一方面，可在一定范围内预约种植，给予农户补贴，并按约定收购；另一方面，可以在采收季节，提前大量收购，妥善保管。此外，可以从革新技术、拓展思路上着手，拓展原料品种，使用马莲草、高粱秆、玉米皮、芦苇等。

2. 改革运营模式

结合乡村实际，国家级非物质文化遗产项目大名草编非遗手工艺代表性传承人王群英，探索出了"传承人＋公司＋基地＋农户＋市场"的家庭分散型大名草编非物质文化遗产扶贫运营模式，以及"公司＋农户＋贫困妇女"的独特扶贫模式。

"公司＋农户＋贫困妇女"扶贫模式，就是公司负责提供手工草编制品项目，免费提供草编技术和草编原辅材料，分发给农户进行制作生产，最后对产品按质计酬，计件回收，让非物质文化遗产项目与脱贫实现精准对接，为贫困户的增收提供了保障。

大名草编产业还可以运用"企业＋合作社＋农户"的组织模式进行运营。通过这种模式将分散的农民生产者组织起来，并成立农民专业合作社等经济组织，之后企业可以通过与合作社联系，来签订草编的收购合同。之后农户可以按照企业的要求，种植相应的莛麦，并且还可以利用农闲时间来对草编进行初加工。另外，在草编产品的销售环节，要通过合作社直接联系中间商，从而减少中间商赚差价的机会。

3. 大力培养草编传承人

目前，在大名草编传承基地建设中，从事草编加工的人员主要是一些普通农民，他们的文化水平各不相同，这导致工艺制作水平存在差异。因此，在培养草编传承人的时候，应该根据学习者的特点，有针对性地制订教育培养计划，以提高大名草编传承人群的整体素养水平。在农村草编传承基地积极开展草编技艺培训，免费指导那些有志创办草编生意的农民，帮助他们找到工作机会、增加收入。

积极利用互联网平台培养草编的传承人。随着社会经济与科技的快速发展，互联网已在全社会普及，在这一背景下，学习者可以利用微课堂等网络学习平台，学习大名草编技艺，从而能够加快普通农民学习并掌握这一技艺的速度。

4. 积极拓宽资金来源

政府要积极并定期举办相关活动，如举办关于保护与传承大名草编非物质文化遗产的主题文化活动，通过相关活动的举办和给予企业或个人的冠名权与赞助权，来调动社会机构与成员的参与性，进而拓宽社会资金的渠道。

对于大名草编非物质文化遗产的传承和发展而言，提高人民大众接受度的重要性不可忽视，因为非物质文化遗产的本质就是要为大众服务。因此，大名草编要想得到更好地传承与发展，就需要先让人民大众接受，同时它的传承与发展还需要顺应非物质文化遗产的"创新"精神，不断推动其发展，进而让大名草编重新融入人们的日常生活中。

二、广宗柳编

广宗柳编不仅是河北省广宗县的传统手工艺品，同时也是国家级的非物质文化遗产之一。

广宗柳编最早可以追溯到清代初期，距今已经有 300 多年的历史了。广宗柳编主要盛行于河北省广宗县一带，广宗位于黄河冲积平原，土地多为沙碱性，为了防止土地沙漠化和盐碱化，当地居民在村庄周围种植了大量柳树，这为柳编业的兴起提供了重要的物质基础。广宗柳编制品主要包括篮子、簸箩、八斗、盒了、矿工帽等实用物品，也有少量装饰性工艺品，它们的形态并无固定模式，主要根据艺人的经验和实际需求来制作。广宗柳编技艺的传承方式一直是口传心授，因此并没有文字资料记载，并且其主要在家族内部和师徒之间代代相传。广宗柳编制品将自然美和工艺美完美结合，深受当地人们喜爱，是他们日常生活中的实用品。

2008年6月7日，柳编（广宗柳编）经中华人民共和国国务院批准列入第二批国家级非物质文化遗产名录。

（一）广宗柳编的历史发展

广宗柳编是流行于河北省广宗县一带的传统编结手工艺，它起源于清初，已有300多年的历史。300多年来，柳编行业在大辛庄一带世代相传，老少皆能，成为一种生计之道。

据姜姓家谱记载，姜姓是1406年由原山东省登州府迁民落户大辛庄的，该村的孙姓、李姓等也都由山东迁来，距今已有600多年。当时这里是一片沙荒、盐碱、沼泽地带，为防沙、抗盐碱，这些先民在村庄周围栽种了许多柳棵子（柳条），成为柳编技艺形成和发展的重要基础。在大辛庄村，流传着清代康熙年间张士杰、张士英兄弟带着自己精心编制的簸箕，去京城向皇上进贡的故事。皇上见到精制的簸箕，满脸欢笑地问道："此物何用？"张士杰随口答曰："柳条本是一把柴，能工巧匠编起来，拿到京城来进贡，能把糠皮簸出来。"康熙一听，龙颜大怒，可又一想，既然人家是好心来京进贡，何必使其难堪，只好强压怒火说了句："穷柳尖子，难发大财。"张氏兄弟回来之后，不但没有灰心丧气，为了生计，反而传承、发展了大辛庄村的柳编手艺。

20世纪70年代，广宗县辛庄村的柳编事业蓬勃发展，成为村里的主要副业，并带动了周围七八个村庄。

（二）广宗柳编的工艺特征

柳条剥皮后表面光滑，色泽莹润，既柔软又坚韧，以此编成的制品质量稳定，经久耐用。柳编技法类型多样，不同的产品、不同的形制编法各不相同，与编织技法配套的还有劈条、上链、布套等辅助工艺和漂白、染色、着色、上油等装饰处理手段。柳编制品十分讲究造型、款式和纹理的美观，成品以箩筐、提篮、簸箕、斗盆、箱包、椅凳、几架等实用品居多，也有一些制作更加精细的陈设品。

（三）广宗柳编的制作工序

柳编主要的材料是柳条，柳条有三伏天打的白柳条和秋后砍的红柳条之分，柳条砍下后捋去皮才能编制，风干后的柳条需要在水中浸泡几天，具有柔韧性以后方能使用。柳编对湿度要求很严，一般情况下，需要在地窖中完成。

（四）广宗柳编的传承保护

1. 传承价值

柳编（广宗柳编）制品十分讲究造型、款式和纹理的美观，也有一些制作更加精细的陈设品。这些制品具有很高的实用价值和艺术价值。

2. 传承状况

随着时代的逐步发展，人们渐渐不再使用柳编制品，这使得柳编技艺走向了衰落。柳编传承人姜朝春自 11 岁起，就在学习柳编技艺，现今已经成为国家级非物质文化遗产的传承人。

姜朝春告诉我们，20 世纪八九十年代是广宗柳编的辉煌期，那时候村子里 60% 以上的人都会柳编，销量也比现在大很多。"以前村里的地窖也多，有 100 多个吧，现在明显少多了。"[①] 对于每位从事柳编手艺的人来说，收入问题是他们最为关注的事情。小篮子的价格通常在 40 元左右，稍大一些的价格在 50 元左右，小簸箕的售价为 50 元，稍大一些的簸箕可以卖到 60 元。然而，这些大号的柳编制品要花费相当多的时间来完成，一天最多只能完成 3 个。由于柳编制品投入与产出的比例不够理想，因此村里的年轻人更倾向于选择外出打工以赚取收入，而很少选择学习柳编技艺。

3. 传承人物

姜朝春，男，汉族人，第五批国家级非物质文化遗产项目代表性传承人，项目名称为柳编（广宗柳编），申报地区为河北省广宗县。

姜朝春自幼跟随其父姜宗礼学习柳编技艺，为第 11 代家族技艺传人，擅长编簸箕。高中毕业后正式进入柳编行业，1980 年开始能够独立完成柳编技艺（绵柳）的整套工序，自制镰刀、锥子（环锥、草锥）、计量、麻绳、线刀等工具，

---

① 网易.锦绣非遗丨广宗柳编：一横一竖编织的文明 [R/OL].（2020-9-16）[2023-10-1]. https://www.163.com/dy/article/FMKVB7JH05199NPP.html.

时常外出与同行交流，学习更加复杂的柳编制作工艺。其制品有簸箕、篮子、圆簸箩、方簸箩、盒子簸箩、盛面粉用的八斗、结婚时妇女使用的八角盒子，还有近年编织的矿工帽等，形式多样，技艺全面，制作精湛，业绩突出，传承能力较强，在当地拥有较高的知名度，传承谱系清晰。

第三节　纺染织绣

一、定兴京绣

京绣又被称为宫绣，主要以定兴、北京为中心。京绣是一门十分古老的汉族传统刺绣工艺，是古代劳动人民智慧和艺术创造力的结晶。京绣在当时主要用作装饰宫廷、服饰等方面，其用料十分讲究，并且刺绣技艺也十分精湛。

（一）定兴京绣的历史发展

京绣最早可以追溯到唐代，并且在燕京（北京）还曾设有绣院。根据史料《契丹国志》记载，在当时的燕京有着"锦绣组绮，精绝天下"的记录。在元朝定都北京之后，封建王朝逐渐稳定下来，伴随着当时经济的快速发展，宫廷人士想要突出自己的特殊地位，并且为了能够享受更好的服务，便开始面向全国召集优秀的刺绣工匠，开始着重培养他们的刺绣工艺，这一做法极大地推动了刺绣技艺的进一步发展。

京绣发展最为兴盛的时期就是明代，同样也是在这一时期，形成了京绣独特的风格。明代针工局的刺绣艺人主要是为宫廷绣制车舆服饰。到了明代后期，宫廷绣的技法得到了进一步发展，并且在针法、用料、用工、技艺、纹样图式等方面的风格更加鲜明，也有了更加规范的纹样设计。随着刺绣人员的不断增多，其发展规模也在逐渐扩大。到了清代，京绣制作已形成体系，且技法与地位皆非昔比。清代宫廷成立"绣花局"。《钦定大清会典事例》中即有记载"绣作司作绣"事宜。清内务府广储司下属七作中即有绣作，专司刺绣上用朝衣、礼服、袍褂以及实纳上用鞯、凉棚、帐房、角云并衣领、衣袖、补服、荷包等。京绣在清代的发展也十分兴盛，尤其是在光绪年间，更是享誉国内外。同样也是在这一时期，京绣不仅吸收了全国各地的绣工技法，并且还十分注重发扬自身的独特特点，成为当时独具特色的绣种，并与当时的"苏、湘、顾"并称为"四大绣"。

京绣在过去主要用于为皇家贵族制作各种衣服饰品，如皇帝的龙袍和皇后与嫔妃的凤衣、霞帔等。与其他绣种不同的是，京绣在过去主要由男绣工学习制作，并且在学习京绣之前，需要先学习并掌握中国传统绘画和构图技巧，之后才能学习京绣的刺绣技法。当时在挑选绣工方面也十分讲究，每年都会从全国挑选几十名男童进行培训，并且他们的年龄普遍在四五岁。当时宫廷绣的主要作用就是将封建帝王与后妃们的王权威严、奢侈生活体现出来，并且也只是作为贡品，因此，当时的刺绣不仅在艺术上有着华丽富贵的风格，在技法上也十分注重精工细作。这一时期，各种民间绣品也形成了各具特色的艺术风格，并且对京绣也有着较大的影响。之后，人们将京绣与景泰蓝、牙雕、雕漆、玉雕、金漆镶嵌、花丝镶嵌、宫毯并称"燕京八绝"。

中华人民共和国成立之后，社会经济也在不断恢复，后来随着改革开放政策的提出与实施，国内艺术品收藏市场也在逐步发展，京绣的发展也逐渐出现了转机。随着国际艺术品市场的快速发展，国内收藏界开始重视手工艺术品的价值，其中就包括京绣，渐渐地，京绣开始被人们所熟知，尤其是近年来古玩市场和工艺品收藏市场的兴盛，为京绣的收藏带来了显著推动力。

1993 年 4 月 28 日，香港苏富比拍卖行在富丽华大酒店举办了艺术品拍卖会，在这次拍卖会上，一幅清乾隆年间的京绣祝寿御褂手卷参加了拍卖，最初的起拍价为 12 万港元，经过多轮竞价之后，最终以 48.2 万港元的拍卖价成交。此次拍卖会使得京绣收藏首次引起大众重视，也正是因为这次拍卖会，使得京绣重新在国际艺术市场上大放异彩。之后，各地的收藏家开始专门收集京绣藏品。

2014 年，京绣入选国家级非物质文化遗产名录。近年来，无论是古代京绣还是现代京绣都引起了国内外收藏家的关注。

（二）定兴京绣的工艺特色

京绣，也称宫廷绣或宫绣。全国各地的刺绣工艺在京绣中都有所体现，来自不同省份的工匠汇聚在宫廷作坊内，不仅推动了各种技法的融合，还逐渐孕育出了独具特色的刺绣风格和技艺，如"绒活精致细腻，金活平整齐亮，绣线搭配色彩鲜艳"等。

京绣的材质通常都是十分华贵的，选择高质量的绸缎作为面料，绣线也会选择用蚕丝制成的绒线，或者将黄金、白银锤成金箔、银箔，再将其制成绣线。京绣有着三大显著的特点，分别是齐、平、亮，也就是线条整齐，绣法平整，色彩亮丽。

（三）定兴京绣的制作工艺

绣只是京绣中的一道工序，要做好一件上乘的作品，需要打板、画图、扎眼、刷、绣、做成衣等 7 道工序，每一道都是纯手工。

京绣的传统图案题材主要分为吉祥图案和博古图案，其中使用最多的是吉祥图案。通过各种手法将吉祥图案所具有的文化内涵表现出来，使用的手法有象征、寓意、比拟、文字、标识、谐音等，同时还能起到装饰作用。在运用吉祥图案时，通常会将吉祥事物的具体形态、色彩、生态习性或代表的寓意体现出来，比如莲花象征清正廉明、鸳鸯象征爱情、蝴蝶象征着追求爱情与幸福等。有时还会运用具有吉祥、喜庆的文字，如"福禄寿喜财"等文字。博古图案通常就是指用古代的各种青铜瓷器图案，通过排列组合等手法，运用在京绣中，起到装饰纹样的效果。

不同的京绣题材，其绣制的针法也是各不相同的。京绣的针法主要是继承了苏绣的技法，针法的数量可能没有苏绣的多，但京绣也有属于自己的针法体系，一针一线都展现了皇家的气势。

整体上看，京绣的针法主要有齐针绣、抢针绣、套针绣、施针绣、滚针绣、切针绣、平金绣、打籽绣、网绣、穿珠绣、盘金绣、圈金绣等。京绣多用平针绣，这是区别于其他刺绣工艺的一个特点。此外，不同纹饰采用不同绣法，可利用针法组合，从而产生丰富的线条变化，表现出独特的艺术效果。

齐针绣、盘金绣、打籽绣是京绣的代表性针法。

1. 齐针绣

齐针绣也叫"平针绣""直针""出边"，做法是将绣线平直排列，组成"留型"纹样。每一针的起落都在纹样的边缘，要求针迹平行，均匀齐整，不露底、不重叠。在花瓣、叶片、枝蔓等重叠图案或相连之处，常空出一线距离，露出绣地，以示分界，俗称"水路"。平针适宜表现面积较小的纹样，形成光洁平整的色面。

2. 盘金绣

盘金绣，先用金银线盘成化纹，然后用色线绣，固定在纺织平面上，这种用金银线绣出的龙、凤等图案又叫"盘金"，这在中国绣品中独一无二，尽显皇族气派，充分体现了宫廷艺术的富贵精美。

绣制时，首先要将两根金线并在一起，沿着画样儿小心地放好压平，然后开始下针，用颜色相近的绒线将两根金线牢牢钉在图案上。两根金线分别按照图案的不断变化盘旋，绣工将其依次固定，"盘金绣"由此得名。在一个图案的绣制中，两根金线是要从头盘到底的，中途不能断掉或换线，否则就前功尽弃了，再高明的绣工也无法补救。

3. 圈金绣

圈金绣也叫"钉金"，做法与盘金绣相似。不同之处在于，圈金是用金线钉固在地料上构成纹样的外轮廓，而盘金绣是使用圈金的方法铺成块面。

4. 打籽绣

中国民间叫"打疙瘩"。做法：引全线出底面后，用针芒在靠近底面的线端绕线一周，成一小环，然后在距离起针处两根纱的地方下针，把小环钉住，即成一个籽。线要捻匀，用力也要均匀，使籽的大小相等。籽的排列既要均匀，又要密，以不露地为宜。打籽绣通常与拉锁子、盘金绣相结合，由条纹绣圈界定轮廓，用打籽绣填满。

在由其他针法绣成的花卉中，用打籽绣来表现花蕊，惟妙惟肖。还可以与其他针法结合在一起，如平针打籽绣。

5. 拉锁绣

拉锁绣，也叫挽针绣绕绣、打倒子、锁丝绣，用大小两针来各引一线，先将大针引全线出底面，小针刺出一半，用大针引线逆时针绕小针一周，使之成小环，引出小针向左压住线环，刺下。再由线环右侧刺出小针一半，用大针引线绕小环，引出小针仍向左由第一针在原眼刺入，固定线环。依此法循环，即为拉锁绣。

绣制时，不同的针法所产生的丰富的线条组合，能表现出京绣独特的艺术效果。例如，官服褂子上的珍禽异兽运用施针、滚针，表现其毛丝松顺，活灵活现；采用散套针绣展现花卉的尽态极妍，争奇斗艳；用盘金绣针法来表现龙凤图案等，呈现京绣的富贵精美，皇族气派。其中最具特色的京绣针法为平针打籽绣，以真金捻线盘成如意吉祥图案，结籽于其上，古色古香、淳朴浑厚，视觉效果精致华贵。

（四）定兴京绣的传承人物

京绣传承几经起伏，纵观京绣的发展历程，不同的地区传承的脉络不同，有的属于家族传承，也有的只是师徒传承。定兴京绣是京绣的一个分支，家族传承至今 100 多年，传承史清晰。

梁淑萍师从宫绣艺人梁枝（1880—1935）一脉的家传。爷爷梁枝早年在北京城前门外的荷包巷西湖营绣花街的作坊做工，多为官员做补子，宫里也把绣活放出来做，传承了"宫廷绣"的一些特点和针法，因此学得一手宫绣绣活，把京绣发展成家传的手艺。

梁淑萍的父亲梁尚有在耳濡目染下也拿起绣花针，做得一手好活，并在20世纪70年代末开始经营绣花作坊。

梁淑萍婚后独立经营绣坊，创建了河北省定兴县燕都刺绣工艺品制造有限公司，申请了"淑萍京绣"商标。她是第五批国家级非物质文化遗产代表性项目代表性传承人，擅长齐针、套针、乱针、滚针、平金、打点、立体绣等，作品以图案工整隽秀，色彩清新高雅，针法丰富、雅艳相宜、绣工精巧、细腻绝伦著称。其公司至今已发展成为拥有500多名绣娘的刺绣企业。

（五）定兴京绣的传承保护

1. 传承价值

京绣制品充分体现出"章身之具"的功能意义，与苏、湘、顾等地方名绣浸润文人意趣的诗情画意相区别，流露出北方文化的雄健气质。相比于其他绣种，京绣不是在一个充分自由的文化环境中自主发展起来的，在个体绣工对技艺不断求索的同时，更受到统治阶层文化、意志的深刻干预和影响，从而形成独特的风格。当封建帝制结束之后，这种影响已然深深印刻在京绣的工艺传统和工艺文化之中，成为其在现代文化环境中特立于众绣之林的重要性格特征。

2. 传承状况

随着近年来的社会发展和商品变化，各种优秀的工艺文化、手艺绝活，都亟须抢救、传承与弘扬。京绣更是由于其高水平的工艺制作和有限的社会需求，面临着无人传承、濒临消失的危险。如若京绣中的技法、纹样、制式逐渐失传，将会是中国乃至世界人类文明的一大损失。京绣作为中国刺绣独具一格的类型，保护、传承好这珍贵的民族传统艺术已是中国刻不容缓的责任。

二、威县土布纺织技艺

"唧唧复唧唧，木兰当户织"，《木兰辞》中描写的这种传统织造工艺在人们的记忆中渐已远去。而如今,这一传统织布技艺在冀南一些村庄中又悄然复现。与以往的传统织造不同的是,目前的传统织造不再是为了自用而织布,而是外销。他们织出的产品不仅畅销北京、天津、上海等大城市,还远销日本、韩国、新加坡、英国、俄罗斯等地。

土布又称"粗布""家织布",多采用全棉织造而成。土布有规律的经向条纹,产品质地柔软透气,使用土法纺纱,纯手工织作,是真正的环保产品。威县土布纺织技艺自元末明初传入威州(今河北威县),距今已有700年的历史,纺织技艺世代相传。其传承方式为口传心授,无确切文字记录。由于土布纺织与农民生活息息相关,同时受自给自足观念的影响,土布纺织通过家传,农民相互帮助借鉴,其技术广为普及。

土布纺织工艺是威县劳动人民长年实践和智慧的结晶。它保留发展了中国传统和纺织技术,承载了自元末明初以来各个时期的科技、艺术、民俗、信仰等传统文化信息,也蕴含了当地的美丽传说和农耕文化,体现了当地劳动人民对美好生活的渴望,具有较高的历史文化价值,对研究中国纺织技术的发展脉络有着重要作用。

2013年,威县土布纺织技艺被列入了第三批河北省非物质文化遗产名录。2018年,威县土布纺织技艺又入选了第一批国家传统工艺振兴目录。

(一)分布地区

在河北省域内主要分布在邢台威县。魏县和肥乡区的棉纺织与土布纺织属类似的技艺。在邢台的巨鹿、赞皇县等冀南平原地区均有大大小小不同规模的分布。河北省威县是闻名全国的棉花大县,常年棉花种植面积达80万亩(1亩约为667平方米),皮棉产量占全省的1/10,植棉面积总产量连续26年居河北省第一,是国家优质棉生产基地、河北省对外出口棉基地。先后被评为棉花收购服务规范化示范县、科技兴民先进县、全国棉花百强县,具有"冀南棉海"之称。依托如此雄厚的条件,威县着眼于拉长产业链条,打造精品土布,创造品牌产品。

(二)特色概述

土布又称老粗布、家织布、手织布,是由棉花经手工织制而成。土布是淳朴的劳动人民用原始的木制纺车,一梭子一梭子地精心织造而成的,在我国已有几千年的历史。土布纺织是几千年来中国劳动人民世代沿用的一种织布技艺。

土布按照花纹分为平纹布和斜纹布。平纹布可根据经线的颜色分为多种不同条纹布。

按图案分，土布分为方格布、汉字布和图画布。方格布，又分斗式方格布竹节式方格布和水纹方格布。汉字布，就是把各种书法字体在土布上织出来，汉字布可分为王字布、土字布、工字布、双喜字布。图画布，是把代表吉祥、喜庆、丰收、富贵的石榴花、荷花、蝴蝶、鹿等织成图案或者把有教育意义的传统故事织成图案，做成门帘、炕围子、被面等实用品，使子孙在日常生活的耳闻目染中，受到启发教育。

老土布上大多都是几何图形，通过抽象图案的重复、平行、连续、间隔、对比等变化，形成独有的节奏和韵律。它反映了生活的形式是曲折的、间接的，因而更具有艺术魅力。相较于工业化生产的布料，威县老土布用优质棉花做原料，采用植物染料对棉线进行浆染，无任何工业污染，纯手工制作，是真正的天然、环保绿色产品。同时，老土布经过传统工艺中的水洗，克服了棉布易缩水、易变形的缺点。粗布制品有着机器织布不可比拟的优越性：冬暖夏凉、透气性好，不易搓起、不卷边、抗静电，又因起线粗纹深，在整个布面形成无数个按摩点，对人体肌肤有意想不到的按摩作用，是具有良好的保健和美肤作用的当代生态纺织品，有"人类第二肌肤"之称。在人类崇尚自然渴望绿色的今天，老粗布以其手感厚实、肤感舒适、冬暖夏凉、透气吸汗、防静电等特点，再次成为人们追逐的新时尚。

（三）制作工艺

传统的纺织技术常常采用"通经通纬"的方式，威县土布纺织技艺通过创新，采用的是"通经断纬"方式：在一个个限定的局部往复穿行，当同一纬线抵达相同色块儿的边缘就掉头折回。据了解，它可以用22种基本色线变换出1990多种绚丽多彩的图案，千变万化、巧夺天工。织出的书法字体，花鸟虫鱼等各种图案，让威县土布纺织技艺在全国老土布纺织界中独树一帜。

威县土布纺织技艺高超，工艺繁杂。从棉花到成品要经过轧花、弹花、搓花结、纺线、打线、浆线、染线、落线、经线、掏缯、闯抒、绑机、织布等大大小小70多道工序，十分繁杂。

大致工序：轧花，把棉花的种子去掉，但出来的是花絮，不成形。再把花絮经过专门工具处理，既可使花絮蓬松，还能成为饼状，这就是弹花。接下来是搓花结，也叫搓布鸡，是用高粱秆搓成条状，其实中间是空的。搓好后就可以在纺车上纺线了。纺完之后需要框线，接下来还需要染线、浆线，晒线、落线。经线就是组合粗布制作的"经"，经线之后需要引线、闯杼、掏缯、绑机、织布等。织布完成后还需要水洗、晾晒等工艺，最终才能得到精致的土布成品。

（四）传承人物

威县土布纺织技艺已被列入国家级非物质文化遗产项目名录。目前，该县东王目村的高庆海（男）、陈爱国（女）夫妇是这个项目的传承人之一。

高庆海自幼受母亲影响爱好手织布工艺，他潜心钻研土布纺织技艺，复原老纹样，创新织法，使别花技艺织出的作品更加形象细腻。他积极参加高校培训，国家、省、市、县展览，主动开展非遗进校园、进图书馆，举办培训班等活动；还经常走访民间艺人，搜集整理民间染织技艺、相关实物及谚语故事等，编印《威县土布》图书；邀请专家学者研讨威县土布发展并编印《威县土布纺织技艺研讨会论文集》；成立传统手工艺协会帮助手工艺人拓眼界、提技艺、增收入，助力乡村振兴；为让更多人了解土布历史，弘扬传统文化，在东王目村建设土布博物馆、土布纺织传习所、土布纺织体验馆、农耕文化馆，为土布纺织技艺的保护和传承发展作出了积极贡献；与大学合作开发新产品，注册《王母村商标》，成功申请专利保护一项，做好知识产权保护，为长久发展奠定基础。

（五）传承发展策略

1. 对传承人加强培训学习

为了提高非物质文化遗产传承人的传承和研发能力，促进非物质文化遗产融入现代生活，2015 年，威县的土布纺织非物质文化遗产传承人陈爱国参加了由文化部主办、清华美院承办的首期"中国非物质文化遗产传承人群研修班"。文化部"中国非遗传承人群研修研习培训计划"在清华大学美术学院正式启动。各项技艺项目传承人在清华美院进行了为期一个半月的研修学习。首期 20 名学员中，除了陈爱国从事土布纺织外，其他学员分别为土族盘绣、满族刺绣、汉绣、蜀锦、帛画、潞绸等非物质文化遗产领域的领军人物，分别来自全国 18 个省（自治区、直辖市）。

2. 继承传统积极创新

据地方志记载，明嘉靖二十九年（1550 年），威县棉花种植面积已达 1616 亩，1923 年达到 30 多万亩。威县官地村织机 400 余架，日产土布 800 多余匹，丁家寨织机 800 余架，日产土布 1600 余匹。布匹主要销至山西太原、平遥和河北张家口等地。

威县土布纺织技艺的传承，主要是长辈向下传授和织女之间互相借鉴，学习掌握基础的织技和"别花"技艺。土布纺织并不难，难在熟练掌握别花技艺。别花是在纺织的过程中利用梭子带上不同颜色的线，纺织出不同的图案，有字也有图画。土布别花技艺是威县土布纺织技艺中较繁杂的工艺，是比较特殊的一种织造形式。通过各种色线交织把代表吉祥喜庆、丰收、富贵及有教育意义的传统故事和书法字体织成图案，做成日常生活用品，成为一种承载文化的载体。

土布纺织以传统纺织技艺为基础，不断汇集刺绣绘画、书法等多种工艺，把纺织别花技术由对样数线法提升到称样挑线法，由单一色彩增加到色彩多样，从视觉上变得更加美观、逼真。图案表现在纺织技艺上，显得更加灵动多样、变化多端，且在结构上有别于传统纺织技艺。

为了织布的便利，高连海还改造了织布机。改造小型织布机长宽高只有一米多。据了解，有不少人定制这种织机，说放到家里既能织布，又能作为工艺品摆放。

3. 加大宣传力度

未来还需各方合力继续提高社会认知，以更好地促进威县土布纺织重回大众视野，枳极举办诸如传统技艺进校园，传统技艺体验日，传统技艺的公益类展览、体验等活动，邀请市民参与，体验传统土布纺织技艺。许多年轻白领、小朋友以及父母都对土布手作情有独钟，活跃的氛围让人感受到大众对于传统文化与手作体验的喜爱与热情。

同时，为了使传统土布纺织在千家万户的日常生活中得到体现和传承，传统土布纺织企业积极设计、研发多种产品形态，诸如各种生活用品，服饰、背包、手袋、口金包、时尚挂件等形式广受消费者欢迎。在遵循传统土布纺织技艺的同时，不断开发钻研新工艺、新品种，使老土布焕发出新风采。通过系列的宣传、推广普及，希望能吸引更多年轻人来了解威县土布纺织技艺，喜欢上土布纺织技艺。更希望有人愿意投身其中，让传统质朴的土布技艺，在时尚创新的演绎中重新回归人们的生活，焕发出强大的生机与活力。

第四节　雕刻塑造

一、曲阳石雕

塑造的基本词义：用石膏、黏土等做成人或物的形象。塑造是对软性材料的一种增补性技艺类型，通常采用泥、面、糖等可塑性较强材料，以增加补充的方式进行造型，既包括塑造形体，又包含对塑形的装饰加工。

曲阳石雕是汉白玉大理石雕刻的代表。其造型逼真，手法圆润细腻，纹式流畅洒脱。如今，石雕艺术不断发展，实现了历史与现代的有机融合，应用到城市规划设计和景观设计当中，是创建我国独特现代园林景观的有效途径。

（一）曲阳石雕的历史发展

曲阳是我国著名的石雕之乡。曲阳石雕因其得天独厚的自然地理条件、人文环境和深厚的文化内涵得以孕育形成，历经两千年不断发展创新，流传至今并发扬光大。关于曲阳石雕的产生与发展充满了传奇色彩。

1. 曲阳石雕的历史传说

（1）黄石公授《雕刻天书》

黄石公，曲阳人，是春秋战国时期诸子百家的流派之一，与鬼谷子齐名。婴儿时被弃于黄山，谓之黄公。他隐居黄山著书立说，留下无字天书《太公兵法》（兵书）、《黄石公略》和《雕刻天书》。黄石公三难张良，将《太公兵法》传给张良的故事，流传广泛。

相传，黄石公寓居黄山时，目睹山下的人们即使在风调雨顺之年，仍衣不蔽体，食不果腹。每逢旱涝之年，农田更是颗粒无收，人们四处漂泊，乞讨度日，生活艰难。黄石公遂生恻隐之心，意欲济世救人。他常见西羊平村两个朴实肯干的小伙子，上山拾柴，早出晚归，便把希望寄托到他们身上。一天，夜空缀满了繁星，哥俩还没有回家。一位鹤发童颜的老翁出现在他们面前，问道："你们守着金山银山为什么还受穷，过苦日子？"两人不解其意，忙问究竟。老翁指了指脚下的黄山飘然而逝。哥俩思索良久，以为是神仙指点迷津，于是拿来工具，在老翁指点处开始挖山不止，整整挖了七七四十九天，发现了山上的白石。黄石公见他们很有悟性，且十分心诚，就将《雕刻天书》传授给他们，并叫他们天机不可泄露。自此，他俩学会了用白石进行雕刻，技艺日渐娴熟。消息很快传遍三里五乡，人们争相拜师学艺。西羊平村遂成为曲阳石雕的发祥地。

（2）狗塔山的故事

据清代《曲阳县志》载，曲阳县王塔北村（后演变为王台北村）南，有一座狗塔山，因山上有狗塔而得名。相传，王莽追杀刘秀来到王台北村南的白草坡上。时值秋末冬初，白草坡上茂密的草已经干枯，一点即燃。追兵找不到刘秀，开始放火烧山，眼看刘秀即将葬身火海。这时，忽然从王台北村跑来一条大狗，只见它跳进附近的一个水塘中，然后再跑到刘秀身边，用湿淋淋的身体把周围的枯草弄湿。义犬无数次地往返，无数次地在枯草上翻滚，终于制止住烈火的蔓延，使刘秀幸免于难，但那只义犬却因劳累过度而死去。

刘秀称帝后，为纪念那条通灵性的义犬，更为彰显他自己贵不忘本及仁爱为政的博大胸怀，遂诏令曲阳当地石匠在白草坡上修建了一座石塔，名曰"狗塔"，白草坡也被后人称为"狗塔坡""狗塔山"，石塔内壁上雕有数尊高浮雕人物像。遗憾的是，这座石塔于 20 世纪 60 年代被毁。然而，汉光武帝刘秀感恩筑"狗塔"的故事累世不忘，至今仍在当地民间广为流传。这也从一个侧面说明当时曲阳的雕刻技术已经出现。

2. 曲阳石雕的发展

曲阳石雕，自汉代开始出现，随着社会经济、文化的不断发展和生产力水平的提高，各地陆续出土或发现了多种类型、用途广泛的石雕作品。无论是人物、动物、佛像还是石棺、经幢、建筑构件等，都集中反映了曲阳石雕在各个时期作品的风格特征、造型艺术和工艺水平。

（1）汉代是曲阳石雕发展的初始阶段

据清代《曲阳县志》载，北岳庙的前身为北岳祠，于西汉天汉三年（前 98 年）始立于曲阳县。县志又转录北魏郦道元《水经注》记载："汉《恒山下庙碑》：滱水又东，右会长星沟，沟在上曲阳县西北长星渚，渚水东流……东经恒山下庙北。汉末丧乱，山道不通，此旧有下阶神殿。中世。"[①] 这是迄今发现的关于曲阳出现

---

① 王国维．水经注校 [M]．上海：上海人民出版社，1984.

汉代碑刻及书法的最早文字记载之一，也是关于曲阳石雕起源的不可多得的重要史料。

（2）魏晋南北朝是曲阳石雕的繁荣发展时期

魏晋南北朝时期，佛教造像在全国范围内兴起，开创了中国石雕艺术发展的新纪元。佛教雕塑艺术方面，全省各地皆有规模不等的发现，从出土和收藏的数量和工艺特点上看，曲阳石造像的传播范围较广，已达到了繁荣发展时期，佛教造像在全国范围内兴起。

（3）隋唐五代是曲阳石雕的鼎盛时期

隋唐时期，经济的发达、政治的稳定、社会的开放，使人们获得了更丰富的创造力与想象力去表现自己心中的理想与未来。艺术是社会形态的折射，此时期佛教造像依然为主流创作题材。隋代造像延续了北齐风格，艺术更趋疏简。唐代，曲阳成为中国北方汉白玉雕像的发源地及雕造中心。唐代造像丰满圆润，雍容大气，菩萨体态优美婀娜多姿，力士威武雄健、生动传神。

（4）宋元以后发展趋向平缓

曲阳石雕的发展从宋代开始渐趋平缓，更富民间生活的情趣。曲阳石雕造像的风格初露世俗化倾向，到明代尤为明显。

从藏品分析，宋代曲阳石雕的领域拓宽，不仅有传统的佛教题材，还出现了现实生活题材的作品，特别值得提及的是，石雕领域首次出现道教题材的作品。其创作风格逐渐走向现实，佛教造像越来越接近于普通人。这一时期的作品除佛像、动物雕像外，建筑装饰逐渐成为主流，常见的有石碑、牌坊、栏杆、华表亭台等，在宫殿、桥梁、寺观、陵墓中，此类作品随处可见。

至元代，曲阳石雕已经负有盛名，涌现出杨琼、王道、王浩等一批杰出的民间雕刻艺人，石雕种类及艺术风格基本沿袭宋代。据清《曲阳县志》记载，北岳庙内有姚燧撰文、赵孟頫书写的《大元朝列大夫骑都尉弘农伯杨公神道碑铭》。曲阳西羊平村出身雕刻世家的杨琼，天赋聪慧，为元代曲阳民间石雕艺人的杰出代表，他雕琢的一狮一鼎被进献于元世祖忽必烈，世祖赏识，赞为"绝艺"，将其"编籍宫中"，后"三迁其官"，官至"领大都等路山场石局总管"，令其督造元大都宫殿及城郭诸营造工程，并集曲阳地方石雕和北方其他石雕之长。元代宫廷石雕，完成了艺术上的升华和飞跃。

民国初，曲阳仿古石造像勃然兴起，不仅可以从仿古中重温北朝、隋唐等各代石雕的做工和特点，也大大开阔了曲阳石工的眼界，提高了他们的雕刻技艺，推动了曲阳石雕在近代的继续发展，同时还为中华人民共和国成立后曲阳石雕的发展提供了条件。

日军侵华后，曲阳石雕业受到严重破坏，至中华人民共和国成立前夕，从事雕刻的艺人寥寥无几。

中华人民共和国成立后，石雕业得以恢复和发展，曲阳石雕艺人曾先后参加了人民英雄纪念碑、人民大会堂、历史博物馆、天安门修复、毛主席纪念堂等首都重要工程建设的施工工作，首都北京处处都留下了曲阳人民精湛的雕刻艺术。

2006年，"曲阳石雕"被列入第一批国家级非物质文化遗产名录，卢进桥大师、甄彦苍大师被授予国家级非物质文化遗产传承人称号。2011年2月，曲阳雕塑文化产业园被列入首批国家级文化产业试验园区。

目前，曲阳雕刻业已经形成了"一城一线三区"（一城，东方石雕城；一线，曲新公路沿线；三小区，羊平、文德、党城）的发展格局。随着时代、技术、工具手段的进步，石雕艺术不断融入新的文化元素，并与绘画艺术相结合。经历历史的洗涤，石雕艺术极显精巧之能，成为我国的传统文化之一。

（二）曲阳石雕的特征

1. 造型特点

曲阳石雕在塑造佛像这类模糊性别的形象时，强调人物内心世界的刻画，讲究人物间、人物和动物之间的呼应。曲阳石雕重神韵的造型中即是不唯形似，去掉烦琐细节，抓住人的精神及结构的主旨，使用减法，以求造型在动态结构上达到传神的要求。曲阳石雕作品造型千姿百态、构图形象各异，由于原始手段的石料开采，无法控制石料体积的厚薄、方圆，曲阳石雕艺人适形造型，根据这些异型的石料，展开丰富的想象，雕刻出各式各样的石雕作品。

2. 线条特点

曲阳石雕线条飞扬流动，发展了阴刻、阳刻、阴刻阳刻结合等多种线刻技法，线条的表现力获得了充分发挥。线条在曲阳雕刻中起着重要的造型辅助作用。在因线条作用而造成的不拘泥于形体外表的空灵的空间感中，有着一种与西方团块雕塑的实在空间感大相异趣的美感。

3. 雕刻特点

在曲阳石雕中，圆雕、浮雕、线刻等表现方法常常被不拘一法地混合并用于一件大型石雕上。石雕的局部往往使用浮雕、线刻，那些人像的头、手等部位为圆雕，而大部分身躯则是用依附于石壁的高浮雕形式，衣饰等细部又是由线刻形式表现出来，镶嵌、镂空等方法有时也被结合进来。

（三）曲阳石雕的制作工艺

曲阳石雕，深深根植于曲阳这方沃土，经久不衰。重要的地理位置、丰富的物质资源、深厚的文化内涵，得益于曲阳天地、人的和谐统一，为曲阳石雕其后来的发展、壮大、繁荣提供了不可或缺的条件和动力，孕育培养了这一驰名中外的华夏瑰宝。

1. 常用的石雕材料

（1）大理石

大理石属于变质岩类，具有较好的片状结构，没有明显的断面，石质细腻，柔润坚韧，硬度低，易雕刻，尤其是能雕刻精致的细部。

（2）花岗岩

花岗岩属于片岩中的深层岩，质地紧密而坚硬，内含粗大的结晶体，规则均匀，结实牢固，不易风化。花岗岩的颜色有淡黄、浅红、青灰及灰墨等数十种之多。由于石料坚硬，加工比较困难，所以往往用于粗犷、洗练的室外大型雕塑的雕刻。

（3）石灰岩

石灰岩属于有机沉积岩，多呈灰色或淡黄色，也有其他多种颜色。石质粗松，易于雕刻，但不易磨光。

（4）砂岩

属粒砂岩，品种多样，质地、色泽有差异，有坚硬的，也有松软的，颜色有米黄、灰色、黄色、红色、绿色等，常被用于制作规模宏大的雕像。

2. 常用工具

雕刻工具的种类繁多，又可分为手工工具和电动工具，其中手工工具可分锤、錾两种。

锤是敲击用的，一般分开荒锤和细雕锤两种：开荒用的是大锤，其锤重量根据使用者体力而定，形状为头大尾细，锤柄用有韧性的木料制成；细雕锤用于精雕细刻，形状为方形和长方形，重量轻，四面都可使用，锤柄粗短。

鉴子，是用方形或圆形的工具钢锻制而成，根据雕刻需要，在形状、大小上又分为多种型号。

3. 石雕制作工序

（1）直接雕刻

直接雕刻就是不用模型，完全由雕刻者根据图纸或心中想象直接雕刻成形。这种方法灵活性较大，可以根据石料因材施雕。曲阳石雕一般以三次成型法完成，这直接决定了曲阳石雕最终的艺术效果和雕刻特点。直接雕刻有至少六道工序：选料—勾画表面—减荒—整理造型—精雕细刻—打磨。

第一道工序：选料，是指根据石雕的作用、所处位置和题材选择用料，如汉白玉质地柔软，纹路细致，多用于宫殿修建的装饰雕刻。

第二道工序：勾画表面，这一步可以说是雕刻的蓝图，是关键所在。是指在选好的石料上将所刻之物的大致轮廓画出来，以便充分利用石料和掌握雕刻物形状。

第三道工序：减荒，即用锤子和钎子将大块多余部分凿去（俗称"开大荒"）。面积较小的部分可以借助小钎子或切割机减去（也称"二荒"）。人工减荒和机器减荒相结合，使得石雕外轮廓大致成型。

第四道工序：整理造型，也称打糙，即石雕师傅运用目测定型本领和艺术手法将雕刻物的一些细小部分做到准确定位，并将它们粗略地雕刻出来，其中将需要挖空的地方勾画并掏挖的技术称之为开脸技术。

第五道工序：精雕细刻，这道工序也叫打细，是指在打糙的基础上将细部线条全部勾画出来，并将细部雕琢清楚，再用磨头、刀子等将需要修理的地方修整干净。

最后一道工序：打磨，首先是砂石打磨，粗、细砂石将雕刻物表面各打磨一遍，然后是砂布打磨，粗、细砂布反复打磨，直到亚光或反光为止，即成品。

（2）间接雕塑

间接雕刻就是先塑出模型，雕刻者借助点石机将模型形体移到雕刻的石头上，这种方法较死板。间接雕塑的制作借助点石机，适合初学者。

4. 曲阳石雕工艺技法

所谓雕刻技法，就是雕刻创作中，作者对于形象和空间的处理手法。这种手法主要体现在削减意义上的雕与刻。确切地说，就是由外向内，一步步通过减去废料，循序渐进地将形体挖掘显现出来的过程。在雕刻艺术创作中，最有意义的探索是运用各种刀法，恰到好处地体现创作意图。随着时间的推移，石雕的题材不断拓宽，石雕技法也不断丰富发展，圆雕、透雕、镂雕、浮雕等工艺技法不断出现，同一件石雕作品，往往是多种技法的融会贯通。

（1）线雕

线雕是指利用雕刻工具在石料上刻出阴线和阳线作为造型手段的技艺，其出现于新石器时代。这种技法以石为纸，以针代笔，能够根据作品的需要，以深浅、粗细、疏密等不同形式表现效果，它兼有笔画线条的俊逸飘洒，又深得石刻刀法刚劲有力、一丝不苟的精髓。

（2）圆雕

圆雕又称立体雕，是一种完全立体的雕塑形式，是石雕中最基本的技法。圆雕一般从前方位"开雕"，然后从前、后、左、右、上、中、下全方位进行雕刻。

（3）浮雕

浮雕是在石料上面经过减地、去地，使物象凸出平面的雕刻技法。浮雕在我国有着悠久的历史，是继圆雕之后出现的又一种装饰性的雕刻技法。根据作品物象凸起高低不同又分为高浮雕、浅浮雕和凸平浮雕等形式。

（4）透雕

透雕是指在浮雕的基础上镂空其背景部分，保留浮雕部分的技法。这样可以加强空间感，不像一般浮雕有沉闷感，扩大了可视空间的深度。其常与圆雕或其他技法相结合，使雕刻作品更富表现力。透雕可分为平面透雕和立体透雕。

平面透雕是指在一块平板上进行镂空造型的艺术形式，是介于圆雕和浮雕间的一种雕塑形式，是浮雕技法的延伸，是在浮雕的基础上通过镂空其背景部分完成作品的。

立体透雕，全称镂空雕，是通过全方位雕、刻，全方位展示艺术作品的手法，是在圆雕浮雕、透雕基础上的一种更高的技法。通过把石材中没有表现物像的部分掏空，把能表现物像的部分保留下来以完成作品。

（四）曲阳石雕的传承人物

刘红立，男，第一批国家级非物质文化遗产项目曲阳石雕代表性传承人。

刘同保，男，第一批国家级非物质文化遗产项目曲阳石雕代表性传承人。

甄彦苍，男，1938年生，河北曲阳人。第一批国家级非物质文化遗产项目曲阳石雕代表性传承人。

卢进桥，男，1927年生，2009年去世，河北曲阳人，第一批国家级非物质文化遗产项目曲阳石雕代表性传承人。

安荣杰，男，1947年生，第一批国家级非物质文化遗产项目曲阳石雕代表性传承人。

（五）曲阳石雕传承发展对策

1. 增强知识产权意识

知识产权保护是当下热议的话题，对雕塑作品的保护日益重要。曲阳石雕版权保护体系至少由三个层面组成：一是商标权的保护，二是外观设计专利权的保护，三是著作权的保护。要在国家创新驱动、知识产权意识和制度愈加深入完善的引领下，加强石雕艺术创作的原创性。

同时，关注生产性保护这一传承发展的科学途径，可以摆脱为了保护而保护的陈旧思维，为曲阳石雕非遗手工艺保护注入市场和创新的驱动力。按照生产性保护的原则，可以将有些作品特定的形态样式、制作技法申请专利，予以著作权方面的法律保护。比如对作品的作者、制作数量、创作年代、产品编号等要有明确的记载，确保艺术品的唯一性。

2. 加强曲阳石雕的产业化发展

曲阳石雕产业发展应在品牌化策略的引导下，依托曲阳地域文化背景，深挖产品文化内涵，形成独具特色的企业品牌和区域品牌，并通过企业、区域品牌维系实现品牌效应，从而升华雕刻艺术，增强产品的核心竞争力，扩大曲阳石雕的市场份额，实现产业跨越式发展，促进曲阳石雕产业的繁荣。

从题材上的地域特色与风格上的融古汇今，发掘与继承传统优秀文化底蕴。在产品的精雕细琢、品牌的精心打造、产品文化内涵与品质的提升、人才的引进与培养、创意与人脉资源的整合、网络交流平台的开设、消费市场的细分与营销等方面积极探索，使曲阳石雕产业形成一个良性的产销循环。

3. 积极培养传承人才

加强人才培养关键是做好"传、帮、带"，培养好接班人。

据统计，河北省工艺美术相关院校的数量在全国排名第三。曲阳石雕产业应该有效利用这些资源，提高农民手工技艺者的文化素质和设计能力。青田石雕已经建立了多层次的人才培养保障机制，出台了人才评价制度，在知名院校设立"高级人才班"，选送有潜力的青年艺人进行深造，解决高精尖人才缺乏的问题。结合目前建设的曲阳石雕非物质文化遗产传习所、曲阳弘艺学堂等平台，发现好苗子，培育优秀弟子，传承曲阳石雕传统手工艺。同时，依托曲阳雕刻学校，走"校企联合办学"的路子，对企业优秀的雕刻工人进行传授和培训，实现企业和学校共赢。

还可以在当地中小学安排曲阳石雕手工特色地域课，传承传统技艺，弘扬传统文化，提升认知。同时，通过在周边的高校中设立石雕欣赏与制作课程，提升高校学生对传统文化艺术的关注等举措，从青少年中培养接班人。

4. 多方联动促进发展

政府牵头，搭建传承发展的好"台子"。筹建专门的石雕传承发展责任部门，负责举措制定、市场调研、人才引进、资料建档、扩大宣传、扩展市场等问题。

（1）"政—企"联合

政府部门与相应企业结对子，一对一（一对一企业或一对一区域）实施精准帮扶，从企业需求出发给予精准支持。

（2）"企业—高校"联合

与省内知名工艺美术院校联合，建立订单式、菜单式培养机制。针对被培养人的自身情况和发展，设立特色化的培养机制。

（3）"政—企—校—市场"联合

构建小型闭环，综合石雕企业和高校的优势，政府从中牵引，联合承接市场订单，既有优秀的设计、研发人员，又有熟悉工艺的匠人，加之政府信誉担保，促进石雕产业的初期市场全新融合。

（4）"政—企—校—机构—市场—社会"联合

构建大型闭环，从生产性保护和社会推广、宣传普及，基金机构融入、教育体系融合等方面同时入手，实施生态性保护战略。首先自我革新，积极创新融入市场；其次引入资金，加大投入，增强雕刻业的发展后劲；再次关注人才培养，从基础教育阶段融入；最后，关注社会宣传的推广和普及。

多方联动，形成合力，促进曲阳石雕产业健康发展。

二、玉田泥塑

泥塑（玉田泥塑），河北省玉田县传统美术，国家级非物质文化遗产之一。

玉田泥塑形成于清代光绪年间，已有 100 多年的历史，其制作过程包括取土和泥、捏塑泥胎、制作泥模、合模装笛、修整晾晒、铺白打底、颜色调胶、描绘敷彩八道工序。玉田泥塑多以历史人物、神话故事、田园动物等为题材，代表作品有《八仙过海》《麒麟送子》等，这些作品形象生动，寓意吉祥，具有乡土气息。

2008 年 6 月 7 日，泥塑（玉田泥塑）经中华人民共和国国务院批准列入第二批国家级非物质文化遗产名录。

（一）玉田泥塑的历史渊源

玉田泥塑从清光绪年间形成算起，已有 100 多年的历史，其发展可分为以下四个阶段：

1. 第一阶段

清光绪年间到 1949 年中华人民共和国成立，在此期间，玉田泥塑处于孕育形成时期。泥塑艺人以吴仪泰、吴乐庭、刘凯、刘俊祥为代表，他们为维持生计，潜心学习泥塑制作，其作品以飞禽走兽、古装戏曲人物为题材，多在集市上销售。

2. 第二阶段

从 1949 年至 20 世纪 60 年代，这个阶段为玉田泥塑的兴盛阶段，在此期间，玉田泥塑得以发展和外销，泥塑艺人以吴玉成、刘广田为代表，泥塑制品在千家万户普及，成为受少年儿童欢迎的泥玩具。

3. 第三阶段

20 世纪 70 年代至 80 年代中后期，在此期间，受市场的影响，玉田泥塑制作与销售逐步走向低谷，泥塑制品转入沉寂阶段。

4. 第四阶段

20 世纪 80 年代以后，玉田泥塑由沉寂转入抢救和复苏阶段，1987 年，泥塑艺人吴玉成、刘广田赴河北省电视台进行了现场表演，引起了人们对玉田泥塑的重视和关注。随着玉田泥塑作品到外地参展机会的增加，玉田泥塑逐渐由沉寂走向复苏。

（二）玉田泥塑的主要分类

玉田泥塑以泥玩具为主、以泥人见长，种类繁多，内容丰富。玉田泥塑从取材上可分为四类，即神话传说、戏剧和历史人物，禽鸟动物，时事风俗，现实生活。而根据泥塑的玩法，玉田泥塑又可分为口吹（笛）类和手动类。口吹类主要是指在泥塑内部安装有带笛的彩塑和扎孔泥哨；手动类主要有半彩塑的扳不倒、全彩塑的花老虎以及用手作响推拉的小乌龟、小松鼠等。

（三）玉田泥塑的艺术特色

玉田泥塑艺术以其夸张的造型、粗犷的线条著称，呈现出一种既艳丽夺目又不失雅致的美态，它们仿佛带着唐代陶俑的风采。作品如《杨家将》《阿福》这样的半彩塑件，仅仅展示人物的正面轮廓，其背面则简化为平滑且带有开孔的表面。这样的设计巧妙地承袭了古老泥塑的天然风格，同时也借鉴了古代石刻和木刻浮雕的艺术技巧。

玉田的泥塑艺术在彩绘方面表现得非常独特，特别是用铁笔进行作画，造就了一种既粗犷又洒脱的着色风格。在创作如《阿福》这样的作品时，色彩并非平均分配，而是通过变化线条和点缀的粗细及色彩面积的不同来调和颜色间的对比效果。泥塑在色彩搭配上还借鉴了杨柳青年画的方法，采纳了"软色依靠白色，浓郁色彩压低软色"的技巧，赋予了作品以自然的色彩层次和渐变。

玉田泥雕艺术品独具一格，内嵌哨音装置，给予了泥雕作品栩栩如生的灵魂，体现了一种对现实景象模拟音效的创意。在半彩绘的泥雕作品中，通常将吹气孔置于雕塑的背面；而在全彩绘的作品中，吹气孔多设置在雕塑的侧面，声音的出口则设计在底部。

（四）玉田泥塑的制作工序

1.取土和泥

玉田有得天独厚的自然条件，到处都有适合制作泥塑的泥土，从田园取回土，碾碎、晾晒。干后用细土面加水和泥。和好的泥要反复搅拌，直到用起来得心应手为止，此道工序比较关键。

2. 捏塑泥胎

泥胎即套制泥模的母体。艺人们为了批量生产并适应市场的需求，往往根据生活和戏曲中人物或想象中的吉祥题材进行捏塑泥胎，以备套制泥模。

3. 制作泥模

泥模也叫扣模，首先在干透的泥胎上包一层约一厘米厚的粘泥。然后，沿着泥巴套层的中间切出两瓣泥胎壳，待干后将其放入灶塘中软火烧成陶模即泥模。之后逐渐发展为石膏扣模。

4. 合模装笛

这道工序也叫压泥坯。一副泥模分为两瓣，有正面、背面之区别。在两瓣泥模壳内分别用手摁一层粘泥，顺势在模内的背面或侧面的粘泥上捅出一厘米左右的埙孔，底部镶苇笛，接着把捏好粘泥的两瓣泥模合一起，对压成型，揭开泥模即可脱出泥人坯子。

5. 修整晾晒

将泥坯多余的泥边修掉，放在阴凉处晾晒，禁止暴晒，以防裂缝。

6. 铺白打底

俗称打底子，一般用天然的土子，其特点是白泽细腻，加水后即可使用。

7. 颜色调胶

玉田泥塑颜料的炮制工序保持了传统的调配习惯。除墨色外，一般使用桃红、槐黄、艳绿等食品色。在使用时，颜色又分为调胶和不调胶两种，任何一种颜色都可以调胶使用，调胶的方法主要是在颜色里加热水，然后放明胶或桃胶熬制而成。

8. 描绘敷彩

玉田泥塑的着色主要以红、黄、绿为基调，根据不同造型用简练的写意手法先描黑，然后随类敷彩。泥塑艺人巧妙地运用有胶颜色和无胶颜色，使其色彩融合碰撞、增加层次感，达到色彩鲜明美丽、五彩斑斓的艺术效果。

（五）玉田泥塑的传承保护

1. 传承价值

玉田泥塑独具一格，在河北泥塑中首屈一指，在中国民间泥塑领域也占有一席之地，是燕赵地域文化和民间泥塑史研究的重要对象。

2. 传承状况

随着社会的变革，以往流行于乡村的泥玩具被新生产品所取代，生存环境的巨大变化导致玉田泥塑迅速衰落，濒临灭绝，投入力量对这一重要的民间艺术进行发掘、抢救和保护已成为一项刻不容缓的任务。

3. 传承人物

吴玉成，男，1934 年 7 月出生，第三批国家级非物质文化遗产项目代表性传承人，河北省玉田县申报。

吴玉成老先生是玉田泥人第三代传人，从小跟随父亲学艺而后又师承邻村戴家屯刘俊祥学习泥玩具制作工艺。在京东（指北京市以东的地区）一带有着很高的声誉，享有"泥人吴"的称号。其作品在造型和着色上古朴典雅，散发出浓郁的乡土气息。在创作上，花样出新，注重现实和自然生活题材的表现。

4. 保护措施

1994 年，中华人民共和国文化部划拨专款 20 万元，用于普查、保护玉田泥塑。

2005 年 10 月，玉田泥塑被列为《玉田县经济和社会发展十一五规划》中文化事业发展的重要内容；同年，由唐山民俗博物馆编辑出版了《唐山玉田泥塑》彩色画册。

2008 年，玉田县组织有关人员及文化专职干部举办泥塑艺术普及班，加大玉田泥塑原生态的保护力度。

2019 年 11 月，《国家级非物质文化遗产代表性项目保护单位名单》公布，河北省玉田县文化馆获得"泥塑（玉田泥塑）"项目保护单位资格。

第五节 金属工艺

金属加工指人类对由金属元素或以金属元素为主构成的具有金属特性的材料进行加工的生产活动。金银器、金银制品在商代即已出现，春秋战国时期已有金银镶嵌工艺。金银器皿出现较晚，汉以前少见，至唐代才开始有较多发现。

传统金工技艺有鎏金、花丝镶嵌、锤揲、金银错、掐丝、炸珠、錾刻、累丝、烧蓝、点翠等。在中国艺术史上，这些融合了几千年来世代金属手工技艺匠人的智慧结晶，绝对是中华民族灿烂文明以及中国古代巨匠聪明才智的最佳见证。

一、花丝镶嵌工艺

（一）花丝镶嵌概述

花丝镶嵌厂在河北省内主要分布在廊坊的大厂回族自治县。大厂回族自治县隶属河北省廊坊市，是距离北京最近的少数民族自治县。得天独厚的区位优势，造就了大厂花丝镶嵌工艺的诞生、传承和发展。

花丝镶嵌工艺，又名"细金工艺"，即将金、银、铜拉成丝，运用各种技法制成各种首饰、器物等装饰品。该工艺历史悠久，为我国独有的一项非遗传统手工艺，从民用到主要用于制作皇家饰品，后又从宫廷流落至民间，最终以其自身繁复精细的工艺位于"燕京八绝"之首。

（二）花丝镶嵌的历史发展

我国的镶嵌工艺最早在新石器时期就已经出现雏形，这时主要是石头与石头的镶嵌，辽宁梁红山文化的女神头像，头像的双眼镶嵌了淡青色的圆饼状玉片，这是目前为止发现的最早的镶嵌工艺。虽然这时候的镶嵌工艺较为简单、粗糙，但说明此时的人们已经具备了审美观念，玉石加工技艺已初步形成，为后续花丝镶嵌工艺的发展起了很好的铺垫作用。

花丝镶嵌可追溯到商周时期。商代至汉代初年是细金工艺的发展初期，花丝与焊缀金珠技艺是汉代金银器制作中最突出的制作技艺，成为"细金工艺"的雏形。大厂花丝镶嵌制作技艺可上溯到汉代，从赵家沟古墓群出土的装饰盒等文物中，花丝镶嵌工艺已初露端倪。

西周时期，花丝镶嵌工艺处于起步阶段。尽管现存的文献记载较少，但通过对出土文物的研究，学者们认为这一时期的花丝镶嵌技艺主要体现在青铜器的装饰上。这些青铜器多用于礼仪场合，可见花丝镶嵌工艺在周朝社会中的重要地位。当时的镶嵌工艺相对简单，主要以线条简练、图案简单为特点，反映了西周社会的审美倾向和技术水平。

春秋时期，随着社会的变迁和铁器的广泛应用，花丝镶嵌技艺得到了显著的发展。这一时期的镶嵌技艺开始出现更为复杂和精细的图案，如对云纹、水波纹等自然景观的模仿，以及凤凰、龙等神话动物的形象，这些都表明工艺的进一步成熟和多样化。此外，春秋时期的花丝镶嵌不仅仅局限于青铜器，还扩展到了武器、装饰品等多个领域。

战国时期，花丝镶嵌工艺达到了前所未有的高度。这一时期的工艺品在技艺上更加精湛，图案上更加丰富多彩。战国时期的花丝镶嵌工艺特别注重细节处理和立体感的营造，工艺品上的图案不仅仅是平面的排列，更多地采用了浮雕技术，使图案更加生动立体。值得一提的是，这一时期的花丝镶嵌技艺还开始采用多种颜色的金属线，如金、银、铜线混合使用，极大地增加了工艺品的视觉效果和艺术价值。

唐代，细金工艺的风格浪漫多变，制作工艺出现细致的分工，也出现了专门的管理机构。细金工艺在宋朝时期风格变得清秀细腻。

元代，细金工艺逐渐被纳入宫廷艺术的范畴，风格变得雍容华贵。

明代的细金工艺承袭了元代宫廷艺术的风格，此时的制作工艺更加成熟，明神宗万历皇帝墓出土的"皇帝翼善冠"，在细金工艺史中堪称登峰造极之作。

清代，我国金银器制作工艺得到了快速发展，专业作坊的数量大为增加，作坊的业务范围也基本囊括金银细金工艺中的各种制作工艺。细金工艺在辛亥革命以后，从宫廷又流落到民间，并在民间焕发出活力，达到了兴盛发达的高峰。在历史的长河中，虽然没有出现以"花丝镶嵌"命名的工艺或工艺品，但细金工艺的发展就是"花丝镶嵌"工艺的发展历程。

1949年，北京市特种手工技艺联合会成立，将花丝行业生产的产品称为"花丝镶嵌"，并作为一种特定称谓使用。

在手工技艺生产合作运动过程中，开始将花丝、镶嵌、錾刻、镀金、点翠、珐琅等金银锡工艺品所需的制作工艺合并到一起，统称为"花丝镶嵌"，其核心工艺是花丝和镶嵌，点翠珐琅等工艺则为辅饰工艺，其产品也被统称为"花丝镶嵌"。

（三）花丝镶嵌的制作工艺

花丝镶嵌技术结合了雕刻、镶嵌、焊接等多种技艺，在金属器物表面创造出丰富多彩的图案。花丝镶嵌技术的基本原理是利用金、银等贵金属的可塑性和延展性，将它们制成极细的线条，即"花丝"。这些花丝经过工匠巧手塑形，布局成各种复杂精美的图案，再将其固定在铜、铁等基底金属的特定区域。图案的固定主要通过焊接的方式完成，使用的焊料通常是金银成分与基底金属相近的低熔点合金，以确保在加热过程中花丝与基底金属能够牢固地结合在一起。完成焊接后，工匠们会进一步对作品进行打磨和抛光，使得花丝图案与基底金属表面平滑过渡，无明显高低差异。在一些高级的花丝镶嵌作品中，为了提升视觉效果和艺术价值，还会在某些区域添加彩色珐琅或宝石镶嵌，这要求工匠们不仅需要掌握金属加工技巧，还需精通珐琅和宝石镶嵌的复杂工艺。

花丝镶嵌技术的原理虽然是基于简单的物理性质，如金属的可塑性和延展性，但其所展现出的工艺之美却是极其复杂和精细的。它不仅仅是金属加工技术的体现，更是古代工匠艺术创造力和技术创新力的集中展现。每一件花丝镶嵌作品的背后，都蕴含着工匠们对美的追求和对技艺的极致掌握。一件花丝镶嵌作品往往需要掐、填、攒、焊、堆、垒、编、织、錾活、酸洗、炸珠等多项工艺。

1. 掐

掐是指用镊子把花丝或者素丝掐制成各种花纹轮廓。一般轮廓用扁丝，掐好的形被业内称为大边。掐包括膘丝、断丝、掐丝和剪坯四道工序。

2. 填

填之前将大边用白纸粘贴在黏活纸上，把事先掐制好的卷头、花瓣、巩丝等填入大边。

3. 攒

组装不同纹样和方法做出来的组件，并把这些组件组装到胎形上。半成品组装要用焊接，成品组装一般都是用胶水或者物理方法。

4. 焊

焊贯穿于花丝工艺的全过程，是花丝的基础技法。主要有点焊、片焊、整焊，掌握火候是焊接时最重要的技巧。

5. 堆

堆是用白芨和炭粉堆砌胎体，再用火烧成灰烬，留下花丝空胎的过程。

6. 垒

两层以上的花丝纹样焊接的组合即为垒，体现产品的立体效果。

7. 编

编是用一股或多股金属丝按经纬线编成花纹。

8. 织

织是用一股金属丝穿插制成网状纱之类的纹样。

9. 錾活

用金属刀具在金银片上一点点雕刻出所需图案。

10. 酸洗

用低浓度的盐酸或者其他酸性水溶液浸泡，去除金属表面因焊接产生的氧化物。

11. 炸珠

炸珠又叫金粒焊缀工艺，将做成的小珠子焊接在花丝或胎体上。

（四）花丝镶嵌技艺的传承人物

花丝镶嵌制作技艺的传统传承模式主要以家族传承和师徒传承为主。大厂花丝镶嵌多为家族传承和父子独传，之后又增加了师徒传承的方式。目前，大厂花丝镶嵌第一代传人已去世，第二代传人仅有 10 人，均为 30 年以上艺龄。

2009 年 5 月 26 日，文化部授予河北大厂回族自治县的马福良和北京市通州区的白静宜以国家级非物质文化遗产项目"花丝镶嵌制作技艺"代表性传承人的称号。

马福良，花丝镶嵌国家级非物质文化遗产代表性传承人，工艺美术大师。他已成为花丝镶嵌、烧蓝、錾活、镶活的全活工艺专家，被誉为"大厂花丝镶嵌第一人"，他在花丝镶嵌这两种基础性的技艺中成功引入了景泰蓝、花丝烧蓝、蒙藏镶等多种相邻技艺。马福良大师设计制作的产品，材质高级、图案烦琐、制作精良，融合了多朝代、多民族的文化、美学、技艺等元素，形成了独特的手工技艺流程和造型特征，在工艺美术界独树一帜，具有极高的审美价值。

（五）花丝镶嵌的传承现状

花丝镶嵌，在廊坊市的大厂地区，从初始的摆件制作（佛像类、首饰类、器物类）发展到了现在的建筑物模型、圣诞礼品、钟表、蒙镶刀剑、装饰画制作，涉及上千个艺术品品种的制作过程。

近年来，市场经济、工业化生产、互联网技术、科学技术的发展，为花丝镶嵌制作工艺的发展带来了新的契机，为其生产销售带来了更好的条件。资金紧缺和技术工人短缺是花丝镶嵌这一传统高端手工艺行业发展的主要挑战。这种工艺需要昂贵的原材料，同时需要维持大量半成品和成品库存，导致对资金的依赖性增加；高精尖的专业队伍青黄不接是非遗手工艺存在的问题，这些都阻碍着花丝镶嵌艺术的传承与发展。

（六）花丝镶嵌传承发展对策

1. 多方联动筹措资金

地方官方主动建立平台，推动花丝嵌工艺持续而稳定地进步，实施有效的保护政策，制定扶持措施，与金融部门协作以帮助工艺企业克服财务难题，并吸引社会资金的投入。

2. 积极培养传承人才

在本区域内的职业高中或技工学校设立相应的专业，培养花丝镶嵌专业人才等。联合周边优秀的工艺美术学校，进行人才的菜单式、订单式培养，针对被培养人的自身情况和发展，设立特色化的培养机制。

3. 积极拓展市场

第一，企业要明确品牌意识，在品牌建设、产品防伪、知识产权保护作品定制等方面多下功夫。

第二，大厂地区回族自治县的花丝镶嵌企业也要努力抓住当前的大好发展机遇，增加产品的门类。从收藏类的陈列品，到日常使用的首饰，如胸针、胸花、耳环项链、手镯、花包、领夹，再到小巧的实用品。要将花丝镶嵌融入生活，生产一些既美观又具有一定实用价值的系列产品。

第三，做好市场调研、设计研发和产品分层。依据现代市场的需求，设计、开发新的产品。同时，做好精细化分层，在瞄准高端消费群体的同时，也要兼顾中低端消费市场的开拓，既关注女性消费群体，又关注男性消费群体，全面融合市场需求。

二、景泰蓝工艺

景泰蓝，又称铜胎掐丝珐琅，是中国的特有工艺，以其精湛的制作技艺和绚丽的色彩闻名于世。它起源于明代景泰年间（1450—1457），历经数百年的发展，形成了独特的艺术风格。

制作景泰蓝主要包括以下几个步骤：

1. 制胎

先用紫铜板制作胚胎，根据器型的需要锤击成型，再仔细修磨表面，使之光滑平整。

2. 掐丝

在铜胎表面用铜丝掐出各种花纹图案轮廓。细丝直径只有 0.5 毫米左右。掐丝分平掐和垂掐，垂掐较难掌握。掐丝要力求丝条粗细均匀，曲线流畅优美。

3. 点蓝

用铜锤轻轻敲击，使丝条与胎体黏结牢固。然后在丝条围成的区域内填入不同颜色的珐琅釉料，多为蓝色调。珐琅釉料的主要成分为石英、铅、硼砂、碱和金属氧化物等。

4. 烧制

把点蓝后的铜胎放入炉中，在 700～800℃下煅烧 3～5 分钟，使釉料熔化，并与丝条、铜胎黏结成一体。反复多次填釉烧制，直至釉面丰满平整。

5. 打磨

用砂石打磨器物表面，使釉面更加光洁透亮，并进一步显现出金属丝条。打磨后的器物即为成品。

（一）景泰蓝的历史发展

据文献记载，景泰蓝最早出现于明代景泰年间，当时宫廷造办处设有珐琅作和掐丝珐琅作专门从事景泰蓝器物的制作，出产出来的景泰蓝主要供奉皇家贵族使用。这一时期的景泰蓝以蓝色为主色调，纹饰多仿照织锦图案，器形仿古青铜器。明代后期，景泰蓝工艺进一步发展，不仅皇家贵族使用，民间也开始流行。此时的题材更加丰富，除传统纹饰外，还出现了山水、人物、花鸟等，器形设计也更加多样。

清代是景泰蓝发展的鼎盛时期。康熙、雍正、乾隆三朝，景泰蓝工艺登峰造极，无论从工艺、装饰还是色彩上都达到了前所未有的高度，而且名家辈出，如著名景泰蓝大师杨锦贤、盛宗耀等。宫廷造办处的珐琅作坊规模宏大，制作水平精湛，创作出许多堪称艺术珍品的作品。同时，苏州、广州、扬州等地的民间作坊也非常活跃，他们的作品虽不及宫廷作坊精美，但设色清雅、图案丰富，满足了不同阶层的需求。

清代末期，由于战乱频繁，社会无力负担景泰蓝烦琐的制作工序和高昂的成本，景泰蓝逐渐衰落。民国时期，这一工艺几近失传。20世纪50年代，在政府大力扶持下，通过老工艺美术家的努力，景泰蓝工艺开始复苏。

2016年10月15日，被称为"炉中之首"的景泰蓝巨作——《鼎力津钢炉》，历时一年有余，终于落地于河北津西钢铁集团总部大楼。此件作品高5.99米，炉身直径3.39米，是由北京工美联合企业集团成员单位——北京汉艺煌景泰蓝工艺品有限公司特别为津西钢铁集团成立30周年设计制作。作品落成当天，北京工艺美术行业协会、北京工艺美术学会、北京工美联合企业集团联合邀请非遗办、故宫博物院及中国景泰蓝行业众多大师等重要嘉宾出席，共同见证《鼎力津钢炉》的诞生，鉴赏这一迄今为止高度最高、直径最大的景泰蓝炉器。

（二）景泰蓝的工艺特色

景泰蓝工艺繁荣于明代景泰、天顺年间，因此得名。它形成于皇家作坊内，最初只是宫廷使用的高级工艺品。明代宣德到正统年间，由于国力强盛、经济发达，皇室喜爱使用奢靡豪华的器物，在皇家作坊内组织能工巧匠，兴办景泰蓝制造。

明代，景泰蓝胎体多为纯铜质地，先在铜胎上错金银丝，制成花纹图案，再填入不同颜色的珐琅釉料。这一时期的景泰蓝图案以花卉、龙凤、吉祥纹饰为主，构图繁复而工整，色彩华丽典雅，金银错丝工艺精湛，具有浓郁的皇家风格。著名作品有藏于故宫博物院的景泰蓝纸槌瓶、葵花式炉等。到了清代，景泰蓝工艺进一步发展，装饰题材和风格呈现出多元化趋势。除传统纹饰外，还出现山水、人物、博古等装饰元素，构图也更加灵活多变。一些作品吸收了西洋绘画透视、明暗等表现手法，呈现出东西方艺术相融合的特点。清代景泰蓝的胎体厚实，釉色纯正浓艳，设色讲究渐变和层次，加之精细考究的错金工艺，整体更显富丽堂皇。另外，清代景泰蓝在产地上还形成了京作、广作两大风格流派。京作品以铜胎为主，多为宫廷督造，做工精细，奢华典雅；广作品以薄铁胎见长，民间作坊生产，风格相对简约质朴，带有浓郁的岭南地方特色。

景泰蓝工艺的精进使其变得日益多样化和大众化，其多变的设计和合理的价格让它成为送给外国朋友和家人的完美礼物。尽管如此，大多数现代人对于景泰蓝还是仅限于书面了解。

钟连盛大师在 2007 年打造了新加坡佛牙寺非凡的景泰蓝作品——《转经轮藏》。《转经轮藏》是目前世界上最庞大的景泰蓝作品。他还打造了一座 80 平方米的景泰蓝喷泉艺术作品《花开富贵》。这两件历史性的作品无疑在景泰蓝工艺的技术与艺术表达上都开创了新篇章。

（三）景泰蓝制作工艺

景泰蓝工艺是一种古老的艺术形式，它利用金、银、铜等尊贵金属以及自然的釉色，使用烈火烧制而成，可谓是金属与火焰的艺术交融。每件景泰蓝作品都蕴含着吉祥的寓意，其造型庄重而气派，色彩艳丽夺目，工艺上追求极致的精细，展现出独特的民族风情和皇室品位。

景泰蓝的制作过程严谨而繁复，从头至尾要经过至少六个大的制作阶段，细分下来则有超过百道细致的手工步骤。它不仅继承了青铜器的制造技术，还融合了瓷艺，以及绘画、雕塑、铸铁、熔炼等多种古老技艺，是中国手工艺美术的顶尖代表。

景泰蓝的制作大致分为六个大的步骤：

第一步是设计制图，包括造型纹样和彩图设计，这是关键的一步。

第二步是制胎，要将紫铜片按图样剪出各种形状，并用铁锤敲打成形状不同的铜胎，经高温焊接成铜胎造型。

第三步是掐丝，用镊子将压扁了的细紫铜丝掐、掰成各种精美的图案花纹，再黏附在铜胎上，经 900℃ 的高温焙烧，将铜丝花纹焊接在铜胎上。

第四步是点蓝，将各种珐琅釉料填入丝纹空隙中，再经 800℃ 高温烧熔将粉状釉料熔化。

20 世纪 60 年代的点蓝老技师在带徒弟时，曾把点蓝技术的关键编成顺口溜："拿起白活先整丝，歪丝倒丝拾弄清。白活镪水要刷净，以防白地变成青。精神集中手眼快，活儿跟着蓝枪转。釉料不稀也不干，点在活上都用完。先把小缝来点严，大地再用蓝枪赶。边点地来边思考，花叶颜色怎配好。点花之时活没干，点出花来才好看。深色少来浅色多，配个好芯来衬托。先点深来后点浅，遇到特殊机动点。蓝枪顺着梗儿搂，又光又平釉不串。山子颜色不用找，活上把它来配好。云头点前活别干，云勾一气要点完。点完活用棉吸干，以防釉流颜色串。"[①]

第五步是磨光，分别用粗砂石、黄石、木炭、胶土分四次将凹凸不平的蓝釉磨平，再用木炭刮刀将没有蓝釉的铜线底线、口线刮平磨亮。

第六步是镀金装饰。

实际上，景泰蓝不单是掐丝点蓝出来的，它还是烧出来的。一件作品要烧好多遍，掐完丝之后焊丝，焊完丝之后烧蓝，得一遍遍地烧，所以说景泰蓝是"火中的艺术"，它不像陶瓷烧一两火就成了，而是需要经过八到十火才能烧成。首先，掐出的丝要焊在铜胎上，这需要烧两火；点颜色的时候，点一次烧一次，要烧三到四火才能烧平；到了磨活阶段，还要再烧两火，所以一共是八火，再算上焊胎的两道火，一共就是十火。有时候点蓝以后还不止烧三到四次，万一火候不好，催得太厉害，颜色到火里被烧掉了，就得拿回来重新上色再拿去烧。

（四）景泰蓝的传承人物

2006 年，景泰蓝技艺正式被列入第一批国家非物质文化遗产名录，而钱美华则成为第一批非遗文化景泰蓝技艺传承人。

钱美华是当时梁思成和林徽因夫妇组建"景泰蓝工艺美术抢救小组"时特招的三个"女娃"组员中的一位，钱美华一生只做了一件事——传承景泰蓝。

2007 年 6 月，文化部确认并公布了第一批国家级非物质文化遗产项目代表性

---

① 李苍彦，李新民. 景泰蓝 [M]. 北京：北京美术摄影出版社，2012.

传承人。钱美华、张同禄被认定为景泰蓝制作技艺项目国家级代表性传承人。

2011 年，张同禄和儿女共同成立了张同禄珐琅艺术中心。张同禄指导设计，女儿张颖负责公司运营，儿子张旭负责生产。

2012 年 12 月，文化部确认并公布了第四批国家级非物质文化遗产项目代表性传承人。时任北京市珐琅厂有限责任公司总经理的钟连盛成为景泰蓝制作技艺项目的代表性传承人。

第六节　烧造技艺

一、邢窑陶瓷烧制

邢窑陶瓷烧制技艺，河北省邢台市内丘县传统技艺，国家级非物质文化遗产之一。邢窑是中国唐代著名的七大名窑之一，邢窑始于北朝，盛于唐，衰于五代，烧制时间约 800 多年，已有 1500 多年的历史。邢窑以产品种类丰富，胎质坚实细腻，装饰技法精美，而成为唐代名窑之一。邢窑白瓷胎体坚硬细薄，叩之声音清脆悦耳，釉面光润，釉色洁白、干净而微闪青灰或淡黄，有"类银""类雪"之誉。其产品种类涉及人们生活的各个领域，故而"天下无贵贱通用之"。

2014 年，邢窑陶瓷烧制技艺经中华人民共和国国务院批准被列入第四批国家级非物质文化遗产名录。

（一）邢窑陶瓷的历史渊源

旧石器时代，就有人类在内丘这块大地上繁衍生息。新石器时代，先民们已经能够烧制精美的陶器，距今已有近 7000 年的历史，是中国陶器生产的发祥地之一。

邢窑是较早烧制白瓷的窑场。早在北朝时期，邢窑窑工为了增加产品的白度，施用了化妆土护胎的技法，这是邢窑在瓷器生产中的一大创举。率先利用匣钵烧瓷法，使产品的质量进一步提高，也是邢窑在瓷器生产中的一大贡献。匣钵烧瓷法对以后的制瓷业产生积极的影响，具有较高研究价值。邢窑隋代透影白瓷是邢窑白瓷中的艺术珍品，胎质和釉质不仅细腻洁白，而且还具有玲珑透彻的特点，这一发现填补了中国陶瓷史上的空白。

隋代已烧制出造型精美、透影性能较强的高档白瓷。由北朝开始制瓷，经隋代的发展，唐代内丘县城一带已是窑炉林立、盛产精细白瓷的瓷都，成为中国白瓷生产的代表窑场，因内丘地处邢州而得名。邢窑陶瓷产品涉及人们生活的各个领域，除上贡朝廷，还远销海外十几个国家和地区，成为"天下无贵贱通用之"

的名瓷。宋代，邢窑只生产少量贡品，其制瓷规模已不能和唐代相比，从而逐渐失去了竞争力，渐渐地湮没在历史的长河里。

（二）邢窑陶瓷的工艺特征

邢窑产品在造型和装饰图案上，会根据用途、销售对象的不同而变化，说明邢窑工匠能够适应各个阶层人士的精神追求而设计产品。细白瓷产品制作精美，体态丰盈，造型灵巧、雅致，装饰纹饰繁缛，看上去高贵而华丽，正好迎合了上层人士的审美观。粗瓷多为民间用品，一般器型较为硕大、厚重，形制粗犷、大方，装饰图案简练、流畅，具有鲜明的民间古拙、朴素之风。

邢窑具有生产白瓷兼烧黄釉瓷、黑釉瓷、酱釉瓷及三彩器具等功能。邢窑生产的产品类型十分丰富，包括生产用具、佛教用具及冥器等。邢窑的白瓷器具有圆唇口、短颈、丰肩和鼓腹的造型特征，此类造型庄重大方，雍容华贵。邢窑陶瓷器物具有典型的工艺特征，在装饰方面，前期的胎体装饰，唐代的刻花、印花、彩釉装饰，陶塑、瓷塑的逼真造型，均显示出窑工们高超的艺术水平。

隋代之后，工匠们找出了青瓷转变为白瓷，粗白瓷转变为细白瓷的奥秘，从而制造出了精细白瓷、透影白瓷。在装饰艺术上，一般人认为邢窑就是烧制白瓷的。其实不然，邢窑自隋、唐就开始改变以往保守、以素面为主的特点，出现戳印、贴花、印花、刻花、划花、剔花、镂空、捏塑、模印、三彩、点彩等多种装饰工艺。黄釉瓷、黑釉瓷、酱釉瓷等相继问世。在装烧工艺上，自北朝邢窑创烧起，碗类器形都用叠装仰烧（口向上摞成摞烧，每件瓷坯间以三角支钉隔开）为主，隋唐时期长期使用这种装烧技法，窑工们不难发现这样下去有很多弊端，在烧造中容易倒窑、流釉现象严重，出现釉粘连，器物内留有三角支钉痕，不美观，残次品较多，不好销售等。窑工们不断地改进烧制工艺，从中唐开始渐渐出现了叠装覆烧法（口向下摞成摞，每件瓷坯间以三角支钉隔开），避免了以往问题的出现，实现产品质的飞跃。

（三）邢窑陶瓷的工艺流程

制瓷原料有高岭土、黏土、石英石、长石、磁石等。

邢窑陶瓷烧制流程：

第一步：选料、粉碎、配方、淘洗、加工成泥浆，经沉淀、陈腐、沥泥、和泥、揉泥后方可进行拉坯成型操作。

第二步：成型修坯后，进行装饰工艺，再用蘸釉、浇釉法施釉，晾干后入窑烧制。

第三步：点火后窑内温度逐渐升温，最高温控制在1380℃左右，采用氧化焰和还原焰烧造，控制好窑内温度。

第四步：经还原后，最后出窑。

（四）邢窑陶瓷的传承价值

邢窑开创白瓷生产之先河，代表了唐代白瓷生产的最高水平，为以后白瓷的发展和彩瓷生产奠定了基础。邢窑延续烧瓷时间长，形成完善而独特的体系，创造了不少先进的制瓷工艺，这些工艺被其他窑效仿，使邢窑文化成为古陶瓷文化的重要组成部分。

邢窑白瓷的发明与制作，打破了自商代以来以青瓷一统天下的局面，形成了中国史上"南青北白"的新格局。为白瓷及花瓷、彩瓷多元化生产奠定了基础。是陶瓷史上一座辉煌的里程碑。

（五）邢窑陶瓷的传承人物

张志忠，男，汉族，第五批国家级非物质文化遗产项目代表性传承人。1980年4月参加工作，副研究馆员，河北省陶瓷艺术专业委员会副主任委员，河北省收藏家协会古陶瓷专业委员会顾问，河北省陶瓷艺术大师、河北省民间工艺美术家、邢瓷技艺传承人，中国古陶瓷学会会员、河北省收藏家协会理事、邢台市太行山文化研究会理事。现任中国邢窑博物馆馆长、邢州窑陶瓷艺术有限公司艺术总监。

二、磁州窑烧造

（一）磁州窑烧造的概况

河北省邯郸市峰峰矿区彭城镇及磁县观台镇地区，曾经孕育了历史悠久的磁州窑。作为北方地区规模最大的民窑集群之一，它因位于宋代的磁州（今磁县）而得名。从北宋中期开炉至清代末年，磁州窑经历了数个朝代的更迭，其生产的瓷器历经岁月仍然大量流传，足以证明其一度的辉煌与持续的生产力。

民间手艺人对磁州窑产出的陶瓷品种和装饰图案情有独钟，致使其影响范围不断扩散。北方众多窑场跟随其后，以观台镇为发展中心，构建了庞杂的磁州窑产业网络。这一网络覆盖了河南的鹤壁集窑和修武当阳峪窑、禹州的扒村窑、登封的曲河窑、山西的介休窑和霍县窑、山东的淄博窑、江西的吉安吉州窑，还有福建的泉州和四川的广元等地，这些地方都大规模地制作了类似磁州窑风格的陶瓷。

磁州窑以其深厚的民间艺术底蕴成为北方陶瓷的象征。"南有景德，北有彭城"这一说法在北方民间流传甚广。宋代，磁州窑的发展达到顶峰，其产品充满了独具特色的民俗风情。磁州窑范围广泛，黄河流域上下散布着其风格各异的陶瓷。晚清和民国年间，这些窑炉大规模生产了青花瓷，华北到华南无不感受到其风采。兰花纹碗和各式盘子成为那个时代的烙印。今日，磁州窑已成长为中国顶级的瓷器生产区域之一，它的产品以其独特的魅力赢得了世界各地人们的喜爱，并且具有很高的艺术鉴赏、收藏和实用价值。

（二）磁州窑的历史发展

在磁州一带，古代居民自 7500 年前起便掌握了制作陶器的技术。位于彭城北侧约 20 千米处的磁山地区，考古人员在一个新石器时代遗址发现了众多的夹砂褐色陶器和红陶器，这一发现由中国社会科学院正式称之为"磁山文化"。这一发现证实了该区域作为陶器制造起源地的重要性。

在两晋南北朝时期，彭城和临水地区位于中原的核心地带，这里的经济与文化极为繁荣，使其成为京都邺城附近知名的风景区。这一时期，陶瓷工艺已经日臻完善，制陶师们不仅能够制作出青瓷，还能生产出化妆白瓷，标志着从陶器向瓷器的重大跃进。

宋代，磁州窑迎来了发展的黄金时期。该窑场是宋代北部地区制瓷业的佼佼者，其制品无论从设计到装饰都追求实用、雅致与经济性。结合长期累积的陶瓷制作经验，磁州窑渐渐发展出了其标志性的艺术风格和技术特色，即著名的白化妆技法，通过统一的形态和独到的装饰手法，展现了磁州窑独有的艺术风貌，彰显了浓郁的地域性、民族性和时代性特征。

磁州窑生产的陶瓷品种繁多，主要包括日用品如盘子、碗、坛子、瓶子、盆、盒等，它们的设计线条流畅而不拘束，展示了民间艺术特有的豪迈与朴素。在宋代，磁州窑的制作题材广泛、风格多样、内涵深刻，成功地将陶瓷技术与美术融为一体，将陶瓷艺术提升至前所未有的高度，为陶瓷艺术界带来了一场创新的风潮。

元代，彭城窑业迎来了制陶产业的又一发展高峰。这一时期的彭城磁州窑不仅继承了宋代和金代的陶瓷传统，而且其生产规模得到了进一步扩展，特别是大型陶瓷制品的制作显著增加。这一时期的陶瓷作品体现出更为厚实的质感，手艺人多采用庞大而且圆润的器具风格，而装饰图案以云龙、云帆、飞雁和水草鱼纹为主。

明代，彭城的磁州窑产量依然颇为可观，当地还建立了官方窑厂，并在南关区域设立了官坛厂，用于存储官方定制的酒坛，方便沿着顺滏阳河将其运往京城。这使得彭城成为磁州窑业的重镇，也使其声名远扬，成为北方瓷器生产的重镇。

清代初期，彭城磁州窑的生产再次兴旺，窑场数量扩展，窑炉变得更为宏大，瓷器种类和产量都有所上升，满足了日常市场的需求。但是到了清末，随着外国瓷器的大量涌入，磁州窑的生产受到了冲击，产品多样性减少，传统艺术风格也开始衰退。到了那个时候，彭城的磁州窑只剩下130多座，工人人数也减少到了1000多人。

考古人员曾在临水窑址挖掘出上百件青瓷碗，其中超过一半的作品在口沿部分施加了白色化妆土，并覆盖着青黄色的透明釉，这种处理使得化妆的部分展现出黄白相间的色彩，反映出这些青瓷碗是磁州窑在向化妆白瓷过渡的早期阶段制作的。

1973年，考古工作者在彭城大路沟意外发现了一块刻有"大元国至元三年……"的石碾槽，以及众多代表性的元朝鱼藻盆碎片。这些建筑遗迹在造型和装饰方面与北京元大都发现的遗物极为一致。而在彭城旧城区建设更新的过程中，发现了无数元朝的陶瓷器物和碎片，展示了该区域深厚的历史底蕴。

1975年，临水地区再度出土了唐代的古窑址和化妆白瓷的碎片，证实了当时磁州窑化妆白瓷制作技术已经相当成熟，并且窑器的烧制方式也从支烧转变为使用笼（匣钵）式烧制。

（三）磁州窑的工艺特征

1. 技法

磁州窑所制陶瓷品种丰富，主要装饰艺术形式包括白化妆瓷器、黑釉陶瓷和色彩斑斓的低火彩釉瓷三大类。这些陶瓷品为我们呈现了一系列精美的装饰技巧，如化妆白瓷、白釉刻划花、珍珠地刻花、黑釉刻划花、宋三彩、红绿彩、白地黑花、清代褐彩、民国蓝花和现代磁州窑图案等。

这些瓷器多为日用品，其装饰特点突出了黑白两色的对比，并结合了铁花点缀、刻画技艺、红绿颜色的运用，以及黄褐色、绿色、蓝色和变色黑釉等多种手法，这些手法共同铸就了磁州窑的陶瓷装饰风格。

2. 取材

磁州窑在装饰手法上跳脱出了传统的抽象和几何图案设计，转而采取更加自由和灵活的设计方式，且风格上深受民间传统和习俗的影响。磁州窑的装饰素材丰富多彩，造型主要包括栩栩如生的人物故事、古老的民间传说、茂密的枝叶组成的花卉图案以及流畅而优美的卷草纹样，还有各种生动活泼的动物形象。这些纹饰通过对其形态和表情的夸张和简化处理，展现出了一种生动而鲜明的艺术风格。由于这种独特的装饰风格贴近民众的生活，同时又蕴含深厚的民族文化内涵，因此磁州窑的作品深受人们的喜爱，展现了浓郁的民族特色和传统艺术魅力。

除独特的装饰手法外，磁州窑匠人们还经常运用不同的纪念文字、格言、家族名字或者诗句来作为装饰，这些文字的书写风格独特，没有固定的模式，体现了一种质朴的随性艺术。常见的题款包括富有教益的警言、吉利的话语和民间俗语。这些文字多被书写在陶器枕头上，使用的是通俗易懂的白话，不仅反映了当地的民俗文化，而且带有深厚的吉祥寓意，这也是它们能够得到普通人喜爱的原因。

3. 构图

磁州窑的制品构图非常严谨，典雅中不失质朴，形象生动活泼，极富情趣，是中国传统民族文化的重要组成部分。

（四）磁州窑的工艺流程

磁州窑工序繁杂，如原料、采集、拣选、加工等，总结下来有72道工序，而且每道工序还有更细的划分。

其中部分流程如：原料加工、泥料制炼、成型、干燥、修整、施釉、装饰、烧制、成品。在烧制成品的过程中，必须经过装窑、烧火、冷却、卸窑四步程序。其中，碗窑烧制需3昼夜，冷却需10余天；缸、瓶等大型器物烧制需5昼夜，冷却需10余天。

（五）磁州窑的传承价值

1. 历史价值

磁州窑是北方白瓷、装饰瓷中著名的窑区，磁州窑烧制工艺独特，其单色釉装饰、瓷器绘画，是中国瓷器发展史上最早、最完善、最成熟的。老一辈烧制技师从做陶到做瓷，代代延续。从技术方面说，磁州窑是最早使用煤炭洞状生产的，也是最早使用原始机械轮的，这种原始机械轮至1956年还曾经使用，它类似远古时期的鹅卵石支撑，用拨轮法拉坯。磁州窑现保存了70多项工艺方法，磁州窑烧制技艺有着重要的历史价值。

2. 艺术价值

磁州窑最为著名的是制作精美的白釉黑彩陶器，醒目的黑色图案和洁白细腻的釉质，呈现出极具对比的视觉效果。这些瓷器兼具雕刻和彩绘等多种工艺，并巧妙地将中国传统绘画手法融入瓷器装饰中，令人赏心悦目。它不仅为中国瓷器装饰艺术的发展开辟了新的方向，更为景德镇青花瓷和彩绘瓷的后续发展提供了重要的技术基础。

磁州窑所在地保存有许多古瓷窑遗址和宋代以来的瓷器作品，作品中精美的纹饰雕刻、大写意笔法的瓷画、丰富的瓷器造型，都充分显示出磁州窑烧制技艺的艺术价值。

3. 开发利用价值

最初，磁州窑生产的产品为碗、钵、盘、壶、罐、豆、盂、四足鼎等。随着生产规模的扩大，产品数量逐步增多。磁州窑充分发挥其民窑特点，生产的产品以民用器为主。例如，饮食用的碗、盘、碟、罐、酒瓶、水壶；照明与祭祀用的灯盏、香炉、俑人、烛台；建筑用的玻璃瓦、脊兽、三彩釉砖；陈设用的各式梅瓶、花瓶、掸（插）瓶、壁挂；睡眠用的瓷枕、生活壶；储藏用的各式缸、罐、钵，以及大量的儿童陶瓷玩具、油灯、油壶等。这些产品实用性强、产量大、销售广，是官窑不可比拟的。

一些高技术水平的传承人为了维系磁州窑的生态环境，继续制作、传承烧制技艺。磁州窑每20年会发生一次造型上的变化，都是紧随时代需求而进行生产创作的，这也充分体现了磁州窑烧制技艺的开发利用价值。

当地政府已采取的保护措施和近5年的保护计划，内容充分明确、目标实际可行、保障措施有力。做好磁州窑烧制技艺的保护，可以进一步推动非物质文化遗产保护工作，完善、深化非遗保护理论，提高传承人对非遗项目的理论认识与实践传承水平，探索更加有效的保护机制和方法，增强各级政府和有关部门非遗保护工作的目的性、针对性、有效性和规范性。

（六）磁州窑的传承人物

刘立忠，男，1944年8月出生。2007年6月，刘立忠入选为第一批国家级非物质文化遗产项目代表性传承人，河北省峰峰矿区申报。

安际衡，男，1969年3月出生。2012年12月，安际衡入选为第四批国家级非物质文化遗产项目代表性传承人，河北省邯郸市峰峰矿区申报。

三、蔚县青砂器烧造

（一）蔚县青砂器的历史渊源

蔚县生产青砂器历史悠久，烧制技术代代相传，精益求精。至明代初年，一位在朝为官的蔚县人把这种器皿作为珍品送进宫内，深受朝廷的赞誉，从此，蔚县青砂器闻名天下。

青砂器俗称砂锅、砂壶、砂吊等，为蔚县传统民间手工艺器皿，是熬中草药、烧水、做饭、煮肉、热酒的上好器皿，用它煎煮食物不变质不变味，烧水好喝，热酒不滋辣，熬粥味道清香，炖肉不腻可口，素有"砂壶水，扣碗茶，砂锅肉"之美誉。

（二）蔚县青砂器的工艺流程

以当地特有的坩土、煤为原料。

相关工具：轮盘、木板锤、绳子、雕刀、模、底座、草垫、边模（大小不等）、笼盖（用黄土和泥做成，形状似锅，直径约 80 厘米，烧坯时用）、铁棍（挑揭笼盖用）、铁叉（挑取青砂器用）。

工艺流程：和泥、踩泥、制坯、上釉、烧制。

1. 和泥

先把坩土矿石粉碎取磨，煤烧焦粉碎取磨，然后按 3 ：1 的比例加水混合均匀成泥。

2. 踩泥

赤脚踩，踩时由起点一脚一脚紧挨着转圈踩，直至把块状泥全部踩碎，这样反复踩，一般最少要十五六遍，踩的次数越多，泥才越有韧劲，成品越结实。

3. 制坯

一个人操作先拨动轮子，使其转动后，再在轮上拔泥制坯。

4. 上釉

原料是纯白土，事先准备两个空水缸，把白土放在一个缸里加水搅拌，待土块溶解后，把溶液转入另一个缸里沉淀，留部分水，把多余的水倒掉，上釉时搅拌均匀后，把砂坯在药水里快速蘸一下，皿体表层便可附着一层薄厚均匀的药水。

5. 烧坯

用明火烧。把块煤砸成 1.3 厘米的颗粒状，3 个固定连体煤窝同时烧，4 个人（早先 6 个人，现今用电壶炉吹），一个人埋煤窝，一个人烤坯，其余两人轮流挑笼盖，火一定要旺，焰要高达 1 米左右。烧时，把坯放在煤窝，笼盖扣上砂器，烧到笼盖发红，此时挑下笼盖，快速把砂器挑出，扣在铁锅盖下焐 2～3 分钟，再取出，这样成品就会发光发亮，否则发红，影响成品质量。

（三）蔚县青砂器的传承人物

王启杰，1952 年生于河北省蔚县南留庄镇白河东村，这个村是蔚县青砂器的发源地。其曾祖父王贞吉、祖父王丙润、父亲王汝跃均为青砂器烧制工艺的传承人，传到他这儿，已经是第四代。

　　王启杰自幼随父亲学习青砂器传统烧制制作工艺，15岁就熟练地掌握了青砂器全套制作工艺。半个多世纪以来，王启杰一直坚持祖辈相传的工匠精神，坚持纯手工制作的传统制作工艺。

　　王龙磊，青砂器制作工艺的第五代传承人。他从小就跟着父亲在作坊里耳濡目染，口手相传，掌握了娴熟的青砂器烧制技艺。初中毕业后，他放弃了继续求学的机会，子承父业，挑起了工厂大梁。王龙磊年轻有为，既当老板，又任技师。他在继承传统工艺的基础上，重视开发新产品，注重对外宣传，立志将祖传的"非遗"青砂器技艺发扬光大。

第四章　河北省非遗手工艺的传承发展及策略

本章介绍了河北省非遗手工艺的传承发展及策略，分别是河北省非遗手工艺的普查与保存、河北省非遗手工艺在传承中面临的问题、河北省非遗手工艺的传承策略。

第四章　河北省非遗手工艺的传承及发展策略

第一节　河北省非遗手工艺的普查与保存

一、河北省非遗手工艺的普查

（一）普查的意义

非物质文化遗产与非遗手工艺的普查是对非物质文化遗产保护与传承的重要措施之一，具有很重要的意义。

第一，普查可以深入了解该地区非物质文化遗产与非遗手工艺的现状、分布和传承状况，为后续制定文化政策、规划文化建设和推进非物质文化遗产保护工作提供与之相适应的科学依据和数据支持。

第二，普查可以提高人们对非物质文化遗产与非遗手工艺的保护意识和重视程度。普查工作的开展，可以帮助人们深入挖掘传统文化的内涵，调动社会力量参与非物质文化遗产与非遗手工艺的保护工作，促进非物质文化遗产的传承和弘扬。

第三，非物质文化遗产与非遗手工艺的普查能够帮助弥补非物质文化遗产保护工作的缺失。通过非物质文化遗产与非遗手工艺的普查，可以全面了解非物质文化遗产的现状和存在问题，有针对性地解决问题，保护传统文化遗产。

（二）普查的流程和方法

非物质文化遗产与非遗手工艺的普查是一项复杂的任务，包括调查前期准备、调查过程、数据整理和资料归档等多个环节。

1. 前期准备

（1）制订普查计划

进行普查前，应制订普查计划。该计划应包括普查的内容、调查的方法和标准、普查的地区等。同时，需根据具体情况列出普查的时间表，为历时长达数个月的普查工作阶段性地安排和实施提供依据。

（2）筹备普查人员和费用

为了保证普查工作高效有力地开展，需要确保人员和物力的充足。普查人员应该具备专业技能和相应的思想认识，同时还应招聘有丰富的地方文化知识和经验的人员。费用方面则需根据实际情况进行评估，保证普查所需人员的工资、相关设备的租用和物资采购等工作可以顺利开展。

2. 调查过程

（1）选择调查对象和地区

在普查过程中需要选择调查对象和地区，对于一些有代表性意义的文化遗产，需要给予特别的关注和保护。选定好普查对象和地区之后，就可以进行大规模的调查和收集工作。

（2）开展采访和调查

针对选定的调查对象和地区，对调查人员开展培训和讲解，以便他们更好地了解普查的目的和意义。在详细了解了相关信息后，调查人员可以用各种方法，例如访问、问卷调查等方式，搜集文化遗产相关的信息和资料，以此了解非物质文化遗产与非遗手工艺的传承和保护状况。

（3）实施现场调查

对于被选定的普查地区，还需要进行现场的实地调查，这占据整个普查工作的主要部分。调查人员进行实地勘察，了解文化遗产的实际情况、传承情况以及存在的问题。此外，还需要进行文化遗产与手工艺相关的数据统计和分析，需要立即整理所搜集到的数据和资料。

3. 数据整理和资料归档

（1）整理调查数据

根据整理工作的需求，对所搜集到的数据和资料进行处理，包括数据录入、统计分析等工作，以此总结出非物质文化遗产与非遗手工艺保护的整体概况和分布状况，更好地展示出人们一直关注和传承的传统文化。

（2）资料归档

为了方便后续工作，满足资料调查等需求，所有与非物质文化遗产相关的数据和资料应该做好归档工作，以保证资料的完整性、可靠性和可检索性。

（三）普查的作用

非物质文化遗产与非遗手工艺的普查，能够充分调查和统计非物质文化遗产与非遗手工艺的总量、分布和传承状况，可以让人了解传承过程中存在的困难和问题，让文化政策制定者和文化遗产保护者更加清楚后续工作需要采取的方案和政策措施。同时，普查还可以掌握各种文化遗产的具体情况和特点，从而为传承工作做好充分的准备，为文化遗产与传承者之间建立起良好的沟通桥梁，促进文化保护创新和国学传承工作的开展。最后，非物质文化遗产与非遗手工艺普查是一项系统综合性的调查工作，需要合理安排时间和遵循科学的调查方法，才能充分发挥其影响力。只有这样，才能促进传统文化的传承和弘扬，真正做到"文物留存，传统延续"。

（四）河北省普查前的准备

1. 为普查制定相关保护手册

为确保全省非遗普查工作有序开展，2006 年初，河北省非物质文化遗产保护中心编印了《河北省非物质文化遗产保护普查工作手册》（以下简称《手册》）、《普查登记表》。《手册》共分为保护与普查概说、非物质文化遗产分类代码、非物质文化遗产调查提纲三大部分。系统全面地回答了"什么是非物质文化遗产""为什么要保护非物质文化遗产""采用哪些方式对非物质文化遗产进行保护""普查的目的、性质和意义""普查的指导原则""普查的步骤方法"等一系列非遗普查的基本问题。并分门别类，根据非遗自身的规律、特点和调查的不同层面，就民间文学、民间美术、民间音乐、民间舞蹈、戏曲、曲艺、民间杂技、民间手工技艺、生产商贸习俗、消费习俗、人生礼俗、岁时节令、民间信仰、民间知识、游艺传统体育与竞技和文化空间共 16 类主要非遗类型，逐一作了详细、系统的调查提纲。《登记表》则是对《手册》的表格化落实，与《手册》相对应制作了 16 套调查表，是开展非遗普查工作的主要手段和重要工具。这套《手册》作为我省非物质文化遗产普查的工具书，具有很强的实际操作性、专业指导性和一定的标准性，全部免费发送各市、县，为全省非遗普查工作的科学开展提供了必要的技术支撑。同时，省非遗保护中心还制作下发了普查管理系统软件，并且将普查手册和登记表全部发布在"河北非物质文化遗产保护网"上，方便各地下载查询。

2. 确立普查试点

为指导普查工作的广泛深入开展，参照《普查手册》中划分的 16 个非物质文化遗产种类，并结合全省资源分布情况及各市县工作实际，按照每个市至少有一个普查试点的原则，确定了耿村民间故事、武强木版年画、石家庄丝弦、固安屈家营音乐会、胜芳花灯及元宵灯会、磁州窑烧制技艺、女娲祭典、乐亭大鼓、直隶官府菜系烹饪技艺、周公与桃花女婚俗文化、沙河藤牌阵、昌黎地秧歌、吴桥杂技、盐山千童信子节、蔚县古民居建筑技艺、满族服饰文化共16个普查试点。并及时对普查试点经验进行了总结和推广，使各地在普查工作中，对不同门类项目的普查标准、方法及注意的问题有了借鉴和参考，提升了普查效率。邯郸、廊坊市还组织普查小组成员分赴全市重点村镇，指导、协助各县开展普查工作，以点带面推动全市非物质文化遗产普查工作的不断深入。

3. 加强普查工作的社会舆论和社会参与保障

为提高公众的非物质文化遗产保护意识，营造良好的社会氛围，2006年以来，河北省以"文化遗产日"为契机，通过举办展演、展览、媒体报道、专家访谈、网络互动、专题讲座等多种形式，宣传非遗保护的重要性和紧迫性，普及非遗有关知识和政策，展示普查保护成果，提高了社会各界对普查及保护工作的认识和自觉参与程度，如先后举办了河北省非物质文化遗产保护普查成果展、河北省非物质文化遗产展演专场晚会、河北民间剪纸精品展、花布染织技艺专题展、河北省民俗文化节等活动，受到社会各界的广泛关注。省非遗保护中心建成开通了"河北非物质文化遗产保护网"，专设了"普查工作"栏目，对非遗普查进行全方位的宣传指导。

同时，省非遗保护中心还专门编印了"河北省非物质文化遗产保护工作通讯"和河北省非物质文化遗产普查简报，加强与全省各地普查工作的指导、交流。省文化厅、省非遗保护中心还与省电视台联合开设了非物质文化遗产项目专题片展播，录制"阳光访谈"大型对话类栏目，征求群众对保护工作的意见，征集有关项目线索，并与《河北日报》联合，开设了18期非遗保护进行时专栏。同时，公布普查线索征集电话：开设了5期5个专版的非遗寻访纪实专栏，反映普查重大线索取得的成果，在全省引起了强烈反响。多市编印了普查工作简报，刊发普查工作的具体要求和典型做法，对普查工作中出现的问题进行业务指导，对各县先进经验和做法及时进行报道和宣传，以点带面，推动了当地非物质文化遗产普查工作的顺利进行。

为广泛发动群众参与到非物质文化遗产普查中来，沧县、峰峰矿区等地在电视台发布非物质文化遗产普查通知，提高群众对普查工作的认识，在下乡普查过程中积极利用省、市、县电视台追踪采访，加大对普查过程中发现的优秀非物质文化遗产项目宣传力度，使群众对非物质文化遗产普查有了深入了解。张家口康保县非遗保护中心发放宣传单 1 万余份，各乡镇文化站通过广播、板报等形式开展宣传，对当地普查工作起到了积极推动作用。

二、河北省非遗手工艺的保护

（一）建设保护中心

随着全国非物质文化遗产保护工作的开展，尤其是普查工作的深入，国家及各省市都加强了对非物质文化遗产与非遗手工艺的搜集、整理、保护、保存、宣传等工作，建立了海量存储的数据库，将获得的大量文字、图片、音像等数字化资料永久存储，是对非物质文化遗产进行保护利用、传承发展的有效途径之一。国务院办公厅在《关于加强我国非物质文化遗产保护工作的意见》中明确指出："要运用文字、录音、录像、数字化多媒体等各种方式，对非物质文化遗产进行真实、系统和全面的记录，建立档案和数据库。"①

河北省的非物质文化遗产保护中心，作为省文化部门下的一个重要机构，主要执行非遗保护任务，同时促进内外的沟通与协作。该中心坚守文化发展的基本原则和政策，推行科学的进步观念，开展省内非遗的急救、保护、研究、梳理及其可持续利用的相关工作。目的在于继承和弘扬该地区丰富的文化遗产，推动高尚文化的发展，助力打造文化强省的目标；加深民族的团结和凝聚力，为经济和社会的均衡、持续发展铺路；中心活动对保障国家的文化主权和安全发挥着积极作用。中心的职责涵盖制定非遗保护的标准和规范，以及组织实施非遗项目的发掘、救助、研讨、保护和归档工作；跟踪监督关键项目的推进，对世界级非遗项目的提名进行初步研究和评估，对全省的非遗从业人员进行指导和培训，以及管理省级的非遗资料档案库。

---

① 光明网.人工智能介入非遗保护的路径与问题 [R/OL].（2020-12-4）[2023-10-9]. https://m.gmw.cn/baijia/2020-12/04/34429452.html.

（二）建设专题博物馆

1. 河北省民俗博物馆

河北省民俗博物馆是河北省一家省级民俗类专题博物馆，以收藏古代、近现代民俗文物和民俗资料并进行科学研究、举办陈列展览、弘扬传统文化为主要任务，是向广大群众进行思想道德、乡土知识和爱国主义教育的公益性事业机构。河北省民俗博物馆 1998 年 6 月挂牌成立，1999 年 10 月 22 日正式对社会开放。

河北省民俗博物馆内现有的四个固定陈列分别是《民间扇面收藏》《武强年画艺术》《清代家具陈设》《名青工艺珍品》。展览以大量的民俗文物和照片为基础，运用现代技术手段，形象地展示了燕赵民俗风情，成为人们认识、了解河北的窗口。同时，该馆举办了多个独具特色的临时展览，满足了公众对科学文化知识的需求。

2. 蔚县剪纸博物馆

中国蔚县剪纸博物馆成立于 2011 年，位于蔚州署院内，占地 1000 多平方米，按不同时期共分故土新芽、新苞初绽、春华秋实、独领群芳四个展厅。展示了王老赏、周永明、周兆明等剪纸名家的名作，如《百福脸谱》《水浒一百单八将》等，也有剪纸创作鼎盛时期的代表人物陈越新、任玉德、周广等的作品，如《血战野狐岭》《杨门女将》《赤脚医生》等，让人们能通过剪纸看到蔚县的发展历史，更多地了解蔚县及蔚县的剪纸文化。

3. 武强年画博物馆

河北省武强县新开街 1 号的武强年画博物馆占地总面积 25 100 平方米，建筑面积 5100 平方米，陈列面积 2500 平方米，馆藏明清以来历代年画古版和资料 1 万余件，是目前我国年画专题博物馆中规模最大、藏品最丰富、陈列形式最受欢迎的博物馆。

非物质文化与非遗手工艺博物馆的建设为非物质文化遗产与非遗手工艺的保护提供了可行的途径，确保非物质文化遗产不会因现代化进程和全球化的冲击而消失。同时，也能通过展示和传播非物质文化遗产，增加公众对传统文化的认同感和归属感，激发民众对传统文化的兴趣和热爱，推动传统文化的传承与发展。

第二节　河北省非遗手工艺在传承中面临的问题

一、消费市场萎缩

销售额的下降是市场萎缩的直接表现。在全球化和工业化的浪潮中，非遗手工艺品，特别是那些制作时间长、技艺复杂的产品，往往因为价格昂贵而难以吸引到价格敏感型的消费者。此外，手工艺产品很难进行规模化生产，导致成本高昂。

消费者群体的缩小也是市场萎缩的一个重要表现。随着现代生活节奏的加快，越来越多的消费者倾向于快速、便捷的购物方式，而非遗手工艺品的购买往往需要更多的时间和精力去了解和欣赏。

传统销售渠道的萎缩是导致手工艺消费市场萎缩的原因之一。许多非遗手工艺产品依赖于旅游业和地方市场，但随着电子商务的兴起和传统零售业的衰退，这些传统渠道的萎缩对手工艺品销售造成了冲击。虽然一些非遗手工艺品已经尝试通过线上渠道进行销售，但与传统渠道相比，线上销售对于很多工艺品来说仍处于起步阶段。

市场规模萎缩成为限制非遗工艺进一步发展的共同因素和主要难题。总体来说，非遗手工艺作为依赖市场需求来支撑的非物质文化遗产行业，整体呈现出市场萎缩甚至消失的危机。这是目前绝大部分非遗手工艺陷入困境的最主要的外在原因，也是导致非遗手工艺发展后力不继的主要动因。

二、传承人群缺乏

如果没有传承人，非物质文化遗产根本不会存在。当前，非遗手工艺传承面临非常严峻的形势，传承人群断代、后继乏人是最大的难题。

传统工艺的生存正因缺乏继承者面临三方面打击：首先，学习这些技艺的新手和工匠数量日益减少，使得许多古老的技艺面临消失的威胁；其次，在40岁以下的年轻一代中，愿意继承这些技能的人尤为稀少；最后，手工艺传承需要两个层次的人才，分别是经验丰富的工匠和高素质的学徒。

三、营销手段不够完善

随着互联网技术、现代数字信息技术的迅猛发展，非遗手工艺的商业模式、营销手段等迎来了新的发展机会。随着商品经济的发展，非遗手工艺由原来的个人独立制作或作坊式生产发展为规模化、产业化的生产模式，其开始借助互联网技术将宣传推广范围扩大到全国乃至海外市场。然而，我国电子商务发展迅速，消费模式、消费渠道、消费者的习惯和观念等都在发生着变化，非遗手工艺的推广运营虽在积极与科技、新媒体结合，但其运营推广的规范性及宣传效果仍旧不理想，手工艺品的销售市场仍需继续探索扩大。非遗手工艺要想走得更远，就必须创建规范的运营推广体系，不能片面追求经济效益，要明确发展方向，在积极探索市场需求、密切联系大众生活的同时不断创新，提升消费者忠诚度，拓展手工艺的市场，与新媒体、新技术多接触，做到线上线下销售一体，扩大手工艺品的知名度与影响范围，创建品牌。

第三节　河北省非遗手工艺的传承策略

一、举办各类型的非遗手工艺展览活动

举办"匠艺传续——传统工艺振兴交流对话"、省"非遗+扶贫"手工技艺创业就业成果展，使传统工艺振兴的丰硕成果和以传统工艺助力精准扶贫的有效实践得到集中展示。鼓励支持非物质文化遗产项目发展，让传统工艺助力精准扶贫，让非物质文化遗产成为文化扶贫的新动力。

2016年12月23日上午，由河北省文化厅主办，省非物质文化遗产保护中心和河北博物院承办的"匠艺百年"河北省传统手工艺"织染纫绣"系列展在河北博物院开展，旨在宣传展示河北省传统手工艺类非物质文化遗产的独特魅力。

2018年5月16日，河北省政府新闻办举行"第十一届河北省民族文化节"新闻发布会。此届民族文化节内容主要包括河北省传统工艺精品展，传统戏剧表演，传统工艺品展销、展览，社会力量参与非遗保护路径探索座谈会，纺织类非遗创意展，非遗进社区、进校园六部分。2018年5月18日至6月10日，河北省传统工艺精品展在河北博物院举办。精选河北省非物质文化遗产项目中最精美绝伦、最能展现工匠精神、最能代表本项目最高技艺水平的作品参展。从"繁复精湛的工艺流程"到"传统美术与民间民俗"的强烈对比，彰显出非物质文化遗产多彩的魅力，共分为"彩色人生""燕京忆述""雕刻时光""金声天韵"四个展区。

2019年12月20日，主题为"为民族传承、为生活创新"的首届"河北省传统工艺美术精品展"在石家庄开幕。该展览汇聚了内画鼻烟壶、铁板浮雕、核雕、木板烙画等河北省十多种传统工艺门类的百余件作品。旨在通过艺术展示、现场制作、艺术交流等方式，诠释传统工艺美术的丰富内涵，促进非物质文化遗产文化与艺术、现代审美深度融合。

2022年10月14日，河北省群众艺术馆（河北省非物质文化遗产保护中心）策划举办了"喜迎二十大奋进新征程"——河北省非遗作品主题展览。此次展览涵盖了丰宁满族剪纸、武强木版年画、衡水内画等50余个非遗项目的180余件

展品。这些作品构思巧妙、内涵深刻、制作精致、样式多样，用独特手法集中展示了党十八大以来河北取得的巨大成就，展示了河北人民群众蓬勃向上的精神面貌，弘扬了河北悠久灿烂的历史文化。

二、依托社会打造非遗手工艺研学基地

挖掘民间非遗手工技艺，构建研学基地，打造文化研学品牌。目前的研学多是旅途体验式研学，而民族精华的文化、传统技艺也是宝贵的研学资源。非遗手工艺研学基地既可以作为观摩、了解优秀传统技艺的场所，也可以带领学生了解传统非遗手工艺、民风民俗，培育文化情感，树立文化自信，遴选有兴趣的学习传承者。非遗手工艺已经受到越来越多人的重视，作为能够充分体现我国民族文化的一大领域，政府已经开始下发文件来助力非遗手工艺的传承和创新。在"互联网＋"的新时代，我们既要保证非遗手工艺的"历史韵味"，也要在此基础上根据时代的要求进行创新，并依托固定场馆开展研学活动。

（一）入驻当地展览馆、博物馆

让地区特色的非遗手工艺作品进驻到当地的展览馆和博物馆也是一种传承的好方式，可以让市民在一个集中的地方较为深入地了解各项手工艺的发展历史，懂其不易，会更加珍惜，对于作品也会有不一样的感情。

资料显示，河北省邢台市的邢窑博物馆、邢窑遗址博物馆、邢瓷文化体验馆"三馆"开馆迎客。邢窑遗址博物馆是国内首家以邢窑为主题的遗址博物馆，也是省内第一座建立在遗址之上的博物馆，是邢台市最大的专业性博物馆。邢窑遗址博物馆集保护、展示、休闲、旅游等多功能于一体，通过声、光、电等各种高科技手段，系统、完整地将千年邢窑的魅力充分展示在世人面前。这就是邢窑文化和邢窑烧制技艺推广的活名片。

（二）入驻省市园博园、展览馆

目前，河北省很多地市都有园博园，展览空闲之余园博园逐渐成了景区"公园"。如何充分发挥园博园实效，将其打造成集园林艺术、文化景观、生态休闲、科普教育于一体的大型公益性城市公园是各地区规划中都需要考虑的问题。比如秦皇岛的园博园占地近 2000 亩，里面各地市展览馆大多空闲，空旷的院落和室

内空间显得很落寞。可以将各地市的传统文化、传统技艺与非遗手工艺整理并展出在展览馆内。

互联网信息时代，每个地市场馆内只需要布置实体的展报和展板，给出必要的结构和目录，旁边附上数字化资源的二维码即可。在数字化平台上将各个地市非物质文化遗产名录中相应传统技艺的传承历程、技艺工艺、作品等相关资料进行梳理，以多种媒体形式进行展示。这种数字化的资源宣传推广与展示，一方面可以节省空间，使得有限的场馆内可以容纳下该地市所有要展示呈现的经典技艺和文化；另一方面，数字化的展示与展出，节省人力，不用专门的人员现场维护与管理。此外，数字化建设的过程就是数字化保护的过程，准备的过程就是将相关资料以数字化的形式保存的过程，可以起到梳理、整理的作用。

市民在游览园区时，不仅能赏景，还能了解各个地域的特色文化和传统技艺，使得场馆有了主体的文化"魂"，无形之中进行了社会性的推广与宣传。同时，各个场馆有了相应城市的代表性传承和文化，还可以作为基础教育学校的研学基地，融入中小学的研学教育劳动教育和特色文化教育中，提升社会美誉度。

三、依托互联网改革营销模式

通过"互联网+"实现非遗手工艺的创新发展是时下环境下的优选策略。近几年，随着国家对非物质文化遗产保护力度的加大，特别是在全社会大力弘扬"工匠精神"的背景下，非遗手艺人一时间备受社会关注。很多互联网平台也抓住这一社会热点，围绕互联网营销的特点，针对非遗手工艺或非遗手工艺人构建"互联网+"非遗手工艺平台，并采用电商、直播等互联网营销模式为非遗手工艺行业企业提供了新的营销、销售渠道，这对于手艺人的生存和发展而言，是有着极大好处的。

网络电商平台是电商在互联网非遗手工艺平台最为基础的营销模式，同时也是现在绝大多数平台的核心模式，突破了传统的以产品为核心的模式，主旨是为非遗手工艺人搭建线上销售渠道。

（一）全品类电商模式

全品类电商模式是指非遗手工艺企业入驻京东、淘宝、天猫等全品类销售平台。用户可以通过产品名称、类别、拍照识图等方式搜索定位到自己想买的东西，然后再选择、比价、购买。

（二）个性化电商模式

个性化电商在品类、规模、拥有客户数量上不能与这些大品牌、全品类电商相比，但进一步细化了用户，投放更精准。同时，个性化电商平台有一个特色，那就是专业买手。买手提前对商品进行了考察体验，相当于帮用户对商品进行了严格筛选。商品太多，能从海量的商品里找到优质商品的专业买手和平台，就能够凸显出价值。

个性化电商平台社群是因为消费而聚集起来的社群，社群中存在精准的连接关系。

（三）"内容电商"形式

"内容电商"是指在互联网信息碎片时代，透过优质的内容传播，进而引发兴趣和购买。"内容电商"的形式多样，如图文、直播、短视频、小视频等都可以用来营销。

相对于其他类型的电商模式，内容电商通过非遗手工艺人、匠人访谈，线上拍卖、器物制作过程等环节和形式，可以让用户更关注产品性能等本身指标，忽略价格，非常适合用来推广营销传统技艺的鉴赏类等非刚需的商品。同时，基于内容本身的营销会使得用户的黏性比较高，用户一旦对某种内容或者社区产生感情就会长久信任。

内容电商平台能够通过扩大商品的种类和提高品质的方式保护非遗手工艺。这些平台可以聚集来自不同地区和文化背景的手工艺品，增强其在市场上的可见性。例如，具有地方特色的织物、陶瓷、漆器和其他手工制品，可以在平台上展示其独特的工艺和故事。内容电商平台的一大特点是强调故事性，它们通常会展示产品的制作过程、背后的文化含义以及匠人的工作场景。这种故事化的内容不仅丰富了商品的内涵，也增强了消费者对产品的信任度。通过呈现产品的来源和制作方法，平台能够为消费者提供真实可信的手工艺品，从而鼓励消费者对非遗手工艺的支持和购买。

内容电商对匠人来说，也是一个展示个人品牌和作品的理想舞台。平台上的推广和营销活动可以帮助匠人们增加曝光度，吸引潜在的买家和手工艺爱好者。通过视频展示产品的制作过程，或者通过直播带货的形式，匠人可以直接与消费者互动，分享其制作手工艺品的经验和技巧。这种互动不仅能够提升匠人的知名度，还能够为他们建立忠实的顾客群。在长期的互动中，匠人可以收集反馈和建议，以不断改进自己的作品和技艺。此外，平台可以为匠人提供多种形式的培训和支持，帮助他们掌握电商营销的技巧，从而更好地推广自己的作品。在全球化和工业化的背景下，许多传统手工艺面临着消失的风险。内容电商平台为匠人提供了新的生存和发展途径，同时也为消费者提供了接触和支持非遗手工艺的机会。通过这种方式，内容电商平台成为连接传统与现代、匠人与消费者的桥梁，对于促进非遗手工艺的传播和保护发挥着重要作用。

总之，电商模式在整体上因为打通了生产、销售和用户之间的环节，促进了产品销售，刺激了市场需求的增长，促进了非遗手工艺行业的发展与传承。但同时，也要关注到，由于非遗手工艺人的生产具有个体化、规模小、周期长的特点，很难快速实现大规模生产，因此，"互联网＋"非遗手工艺平台更要做好平台的供应链管理，构建行业联盟、商户联合共同体，以促进生产和供应能力，促进整个非遗手工艺行业的健康发展。

（四）构建线上与线下营销渠道

构建大型全品类电商、个性化电商以及内容电商平台，同时，可以考虑构建行业／企业自身的门户网站平台、移动端及网络社区等。打通线下与线上的联合，实现线下线上互通互联、功能分层分化，如线上主要进行产品的销售、推广，线下主要是展览、体验等。

借助新媒体技术建立关于我国非遗手工艺的门户网站，将报纸杂志、电视等各种媒体资源进行整合并注重发掘各地区非遗手工艺的特色，并以多种形式展现给受众，满足受众的多样化需求，保证网站的历史传承性、地域独特性，同时又具有发展的可持续性，为非遗手工艺的有效传播提供一个有力的平台。

移动端的快速普及发展，使得人们获取信息的渠道和方式更加多元，也更加便捷，可以建立关于非遗手工艺的智能终端应用软件。依托智能手机、平板电脑等移动设备的应用软件，能够快速及时推送有关非遗手工艺的相关信息资源，提高非遗手工艺文化的传播效率和范围。例如，各地政府可以基于地方特色搭建地区非遗手工艺的微信公众平台，由专人负责运营和维护，扩大影响力，促进非遗手工艺文化的传播。再如，政府可以大力鼓励全民参与，鼓励人们借助微博、各种直播和短视频 App（火山小视频、腾讯微视等）宣传推广本地非遗手工艺文化。

网络虚拟社区打破了人与人之间在沟通方面的时空束缚，成为人们互动与交流的新型空间。在网络新媒介技术的支持下，利用微博、微信、网站、论坛、博客等媒体平台都可以创建网络虚拟社区，将非遗手工艺与新媒体平台进行结合，建立非遗手工艺人之间、非遗手工艺感兴趣者之间、非遗手工艺人与普通群众之间的社区平台，为他们提供一个良好的沟通与学习平台。这对于提高非遗手工艺的影响范围、促进非遗手工艺的传播与发展具有重要的作用。

四、培养非遗手工艺传承人才

（一）改革人才培养模式

1. 多元化主体的联合培养模式

非遗手工艺传承人的培养是一项系统化的工作，在培养过程中应有政府、高校、企业、个人、行业协会等社会各界多方面共同参与。每个环节通力配合，对各自要发挥的作用和影响有明确的定位。

当代语境下的传统非遗技艺传承应该走出家族传承、师徒传承的单一薄弱传承链，变革为多元化主体模式的传承，提倡政府主导下的"企业＋高校＋职技高师"多元化主体的联合培养模式。实质上，在非遗手工艺传承和保护过程中真正的主体是非遗技艺的传承人。政府部门、高校、行业协会等都是为实现有效传承服务的，只有非遗手工传承人自己深刻意识到传承与保护的实质，坚定保护的信念，才能促进多元化主体培养模式的特色传承人形成合力。

2. "订单式"人才培养模式

国内很多的职业技术院校针对当地特色的非遗技艺项目，与政府相关部门、社会企业、机构等进行合作，定点招生、定向培养联合教学，合作办学等，按照特定类别的传统技艺项目的培养需求，为学生量身定做人才培养方案，实施特色联合育人模式。例如，河北省内的廊坊职业技术学院开设的"民族传统技艺（风筝方向）"专业，面向生产、建设、管理、服务第一线，培养牢固掌握传统技艺（风筝制作）、拥有相应职业岗位（群）所需的基础知识和专业技能，并具有较强综合实践能力的高素质技术技能型人才。

3. "大师工作室制"人才培养模式

企业在非遗手工艺人才培养上，可以选择一些技能水平高、知名度高的行业大师，创建"大师工作室"，形成新的传承人培养体制。培养过程中结合项目导入形式，跟随大师工作室的真实任务和项目开展传统技艺的教学，引入相关的文化和信息技术专业课程，丰富教学内容。构建以定向招生、灵活学时、弹性学制、工学结合为特征的大师工作室人才培养模式。

在非遗手工艺的传承保护和传承人的培养方面，对非遗手工艺企业、行业自身而言，还是可以有所作为的。河北省威县的土布纺织技艺传承人高连海夫妇，通过成立传习所、开设培训班来培养该项技艺的传承人，联合清华美院非物质文化遗产设计团队"清美智造"共同研发了土布手作体验课程，还制订了传承发展"四三三"规划：四，即"博物馆、体验馆、展览馆、农垦文化馆"四馆；三，即"染房、绣房、织房"三房；三，即"培训室、实验室、纹样室"三室。在政府的大力支持下，这些规划正在逐步实现，目的是通过企业自身变革努力吸引更多的人加入这个项目的非遗技艺中，以更好地培养传承人。

因此，在传承和保护非遗手工艺过程中，政府、高校的作用十分关键，但非遗手工艺的传承和发展不能在国家的意志下直接完成，也不能在高校中单独完成。高校主要是在科研、培养人才以及研究市场化竞争中发挥作用，离开行业的指导、企业的生产运用实践环境支撑，以及非遗手工艺人的倾囊相授等因素，想要传承和发展非遗手工艺无疑是纸上谈兵。

（二）开设相关课程培养传承人

要想培养真正的传承人，课程的设置不能只停留于简单的体验，还需建立科学的课程体系，创新教学方法，为习艺者指明一条可以将其作为事业发展的道路。可依托企业或者行业协会的研发中心力量，在企业园区内开设习艺课堂，通过开设专门的课程培养技艺的传承人。

　　企业在自己的场地开设课程培养传承人，一方面可以吸引周边的人群，带来人流红利；另一方面，能够为学习者带来身份的融入感，使学习者在企业的日常工作中潜移默化地学习、传承非遗技艺。同时，便于研究并开展生产性保护。可以借助协会力量和当地高校的师资，实施专业授课与传统技艺训练相结合的教学模式，培养传承人。目前，河北省部分非遗手工艺行业已经开始将这种方式应用到传承人的培养当中，收效不错。

第五章　河北省非遗手工艺衍生品
开发现状及设计

深入挖掘河北省非遗手工艺和旅游文化资源，对非遗手工艺的工艺流程、图案题材、样式载体等进行完整的保存记录，有助于传承梳理，系统地整合河北省非遗手工艺的理论文献知识体系。同时非遗手工艺资源价值的挖掘与开发，可以充分提炼代表性文化旅游元素，能够为衍生品设计提供一定的参考，激活非遗传承的发展与衍生设计新力量，为河北省非遗手工艺起到宣传、传承和创新的作用。课题的研究不仅有利于为非遗手工艺有效传承提供新思路与合理意见，同时还有利于丰富河北省非遗手工艺衍生品设计创新研究。

本章介绍了河北省非遗手工艺衍生品开发现状及设计，包括河北省非遗手工艺衍生品设计的原则、河北省非遗手工艺衍生品设计的方法、河北省非遗手工艺衍生品设计的表现形式、河北省非遗手工艺衍生品设计实践。

第一节　河北省非遗手工艺衍生品设计的原则

一、文化性原则

设计者首先需要深入研究和理解非物质文化遗产的历史背景、文化价值和艺术表现形式，不仅要尊重原有的工艺技法和文化内涵，还要在此基础上进行创新和提炼，以更符合现代审美和市场需求的方式传承和发展传统手工艺。对非遗手工艺品的起源、发展历程进行深入挖掘，通过文献研究、田野调查和与传统工艺大师的互动学习，全面了解其传统制作工艺和文化内涵；非遗手工艺不仅是产品的外在形式，更重要的是那些传承了数百年甚至数千年的制作技艺，设计者要尽可能地从传统的工艺方法中汲取灵感，使传统工艺在现代生活中发挥新的作用。设计不仅要展现手工艺的外在美感，更要传递其蕴含的文化意义和精神价值，将非遗手工艺背后的故事、传说或历史融入设计中，通过创意的方式呈现出来，增加产品的情感价值和吸引力。尝试将不同的文化元素、艺术风格或现代科技与非遗手工艺相结合，创造出独特的混搭效果，展现多元文化的魅力。

二、创意性原则

设计师要着力于将传统技艺与现代审美相融合，强调创意的表达和新颖性的体现，让传统文化在当代市场中焕发新生，突破传统思维模式，大胆尝试新颖的设计概念和表现形式，为非遗手工艺注入新的活力和创意。突出产品的独特性和个性化，避免同质化。可以通过造型、材质、色彩等方面展现创意，使衍生品与众不同。应赋予传统手工艺的材料以新的解读，比如将竹子、木材等传统材料与金属、树脂等现代材料结合，产生质地、色彩和形态上的新颖对话，在突破传统工艺局限的同时，为衍生品带来前所未有的轻盈感或现代感；通过抽象化、简化或再构造等手段，让传统图案和形态在衍生品中以更加现代化的形式呈现；设计师在保留传统手工艺精华的同时，应当更多地考虑产品的实用性和用户体验，对传统产品的尺寸、形状进行优化，增加新的功能，或者是将多种功能整合到一个产品中，使非遗手工艺衍生品不仅仅是艺术品，也是实用品。在文化内涵的传达上，设计师要秉持深厚的文化素养和创新意识，寻找与现代生活方式相契合的文化元素，让手工艺品的设计既有故事性也有情感共鸣，在此基础上利用现代设计语言诠释传统文化，让非遗手工艺衍生品在讲述历史故事的同时，与现代社会产生互动，增强文化的活力和传播力。例如，在设计河北省的剪纸、陶瓷、刺绣等非遗手工艺衍生品时，可以运用以上创意性原则，如将剪纸元素融入家具设计、开发具有互动功能的陶瓷玩具，设计富有故事性的刺绣饰品等。这样的创意设计不仅能够吸引消费者的关注，还可以为非遗手工艺的传承与发展带来新的可能性。同时，与非遗手工艺传承人密切合作，共同探索创意方向，确保设计既不失传统特色，又具有创新性。

三、实用性原则

设计非遗手工艺衍生品时，重要的是将实用性和现代审美相结合，以满足当代消费者的需求。设计师需要重点关注产品的实用功能和用户友好性，确保它们不仅有用，而且使用方便。产品的视觉设计也应该迎合现代审美观念，让消费者在享受使用便利的同时，也能体验到美感。在保留非遗手工艺原有特色的基础上，探索其在功能上的创新拓展，使衍生品更具实用性和功能性。设计具有互动性和参与性的衍生品，让消费者在使用或参与过程中获得更丰富的体验和乐趣。

四、可持续性原则

在设计非物质文化遗产相关的产品时，设计者应优先考虑环境保护和可持续性原则。采用可再生资源和绿色制造技术，可以有效降低环境污染。产品设计还需要考虑其回收和再利用的可能性，确保非遗产品的可持续生产。在设计中融入环保理念，采用可持续材料和生产方式，使衍生品既具有创意性又符合环保要求。

五、专业人才引进原则

建立与高等院校、职业技术学院的合作框架是吸引专业人才的重要途径。通过设立非遗专项课程、实训基地和研究中心，可以让学生在校期间就开始接触和学习非遗文化与手工艺。此外，可引进具有非遗研究和设计背景的教师团队，为非遗衍生品设计提供理论与实践指导。

搭建人才培训和交流平台，定期举办非遗手工艺设计的研讨会和展览，邀请业界知名人士分享经验，为本地设计师提供学习和交流的机会。组织本地设计师赴国内外非遗设计先进地区进行学习交流，拓宽视野，增进对非遗设计的理解。

优化人才引进的政策环境，制定明确的人才引进政策，包括税收减免、项目申报优先权、成果转化奖励等，吸引更多的设计师投身于非遗手工艺衍生品的创新设计工作中。

此外，还要提供创新创业平台支持，为设计师提供创新创业所需的资源，如资金支持、市场开拓、品牌建设等，特别是在产品的营销和推广方面给予帮助，促进设计作品的市场化；建立健全人才激励机制，对于在非遗手工艺衍生品设计领域作出突出贡献的个人和团队，通过颁发荣誉证书、提供奖金激励等方式进行表彰，以提高设计师的积极性和创造力。

六、经济效益原则

非遗手工艺衍生品设计者需通过市场调研，了解消费者对非遗文化产品的喜好、消费能力以及消费习惯，从而设计出满足市场需求的产品。非遗衍生品的设计应结合现代审美进行创新，在保持传统工艺精髓的基础上，融入现代设计元素，如新型材料的使用、现代图案的创造以及功能性与实用性的结合，这样既能传承传统工艺，又能增强产品的市场竞争力。此外，建立品牌战略也是提升经济效益的关键手段。非遗手工艺品产业可以通过故事化营销，结合非遗的历史文化，塑造独特品牌形象，打造"故事品牌"，让消费者在购买产品的同时，也能感受到深厚的文化底蕴。

需优化非遗衍生品的生产和销售渠道。借助电商平台、文化展会等多种渠道，扩大销售范围，提高产品知名度。同时，通过设置旗舰店、体验馆等，为消费者提供亲身体验非遗文化的机会，增强消费者与产品的互动性，提升购买意愿。

设计师需采取多维度的策略，从材料选择、设计理念、生产过程、市场营销到教育培训等方面进行综合考虑，实现可持续发展。设计师应充分利用当地的自然资源，在材料的选择上倾向于使用可再生或环保材料，如使用竹子、麻织品等，减少对环境的负担；对传统材料进行创新改造，使其更符合现代可持续发展的要求；设计过程中要深刻理解非遗手工艺的文化内涵，并将其与现代设计理念相结合，注重产品功能与美学的平衡，创造出既有实用价值又能传承文化的设计作品，这样的设计不仅能提升产品的艺术价值，还能激发市场的需求，带动传统手工艺的现代转型；在生产过程中，设计师应推广使用低能耗、低废弃的制作技术，减少生产环节中的资源浪费。如通过技术创新，实现染色工艺中的水循环使用，减少污水排放。此外，还要推动生产过程中的手工技艺与现代技术的结合，以提高效率，同时保留手工艺品独特的温度和质感；提倡生产者与设计师的持续合作，建立长期稳定的供需关系，这样做可以确保手工艺人的生产技能和生活得到可持续的保障，同时也能为设计师提供源源不断的灵感和资源。

第二节　河北省非遗手工艺衍生品设计的方法

一、使用传统工艺与材料设计衍生品

在非物质文化遗产手工艺衍生品设计实践中，手工艺人主要面临两大挑战：一方面，如何在继承和发展传统工艺的同时，提高生产效率以适应市场需求；另一方面，如何确保衍生品的质量和文化内涵不被工业化生产模式所稀释。对策的核心在于平衡传统与现代、效率与质量之间的关系。

（一）结合现代技术优化传统工艺流程

艺人要利用现代科技对传统手工艺的每一个细节环节进行优化，这不是简单的替代，而是对传统工艺流程的补充和完善。例如，通过三维扫描和打印技术，可以快速准确地复制和保留手工艺品的某些复杂雕刻或图案，这样在生产过程中就可以节省大量的手工雕刻时间，同时保证了图案的一致性和精确性。

（二）引入流水线模式中的"岗位专精"思想

借鉴流水线作业模式中的"岗位专精"原则，将复杂的生产流程拆解为多个简单的步骤，每个步骤由擅长该技能的工匠负责。这种分工合作不仅可以提高生产效率，还能确保每一步骤都能以最高的标准完成，从而提高整体产品质量。

有时，同属一门的手工艺人各有所长，在进行这种最初的"流水线"制作时便有所侧重。如河北蔚县剪纸的制作分工中，就分为专门设计剪纸图案的设计师，专门负责刻纸的刻工、专门点染上色的色工。

（三）采用混合材料以提高工作效率

在尊重传统材料特性的基础上，适度引入新材料与传统材料的结合使用，既能保证产品的传统美感，又能提高加工效率。例如，对于木质工艺品，可以在不影响外观和使用功能的前提下，将内部结构用更易加工或结构更稳定的新材料替代，以提高生产效率和产品耐用度。

（四）建立标准化与个性化并重的产品设计体系

相关部门应制定一套既能体现手工艺传统特色，又能满足市场需求的产品设计标准。这套标准既包括产品的基本形态、尺寸、图案等基础要素的规范，也鼓励在此基础上的个性化创新。这样既保证了产品的统一性和辨识度，又能给予手工艺人足够的创作空间，在提高生产效率的同时，也能满足市场对个性化产品的需求。

（五）强化质量控制和工艺培训

加强对手工艺人的专业培训，不仅仅是技能训练，更包括对传统文化的理解和认同。通过定期的质量检查和反馈机制，确保每个环节都能达到最高的工艺标准。同时，通过激励措施鼓励手工艺人不断提高技能水平和创新能力，确保手工艺衍生品的质量和独特性。

二、改进衍生品的工艺及扩展其功能

每一件基于非遗的优秀非遗手工艺衍生品设计，都蕴含着深厚的文化积淀和经验。对传统文化和手工技艺毫无了解的设计师，只凭天马行空的想象未必能将产品图稿变为成品；在做出样品后，也未必能够对其进行产业化。在对一些门槛较高的非遗手工艺进行设计时，设计师会遭遇各种问题。当设计师基于非遗手工艺进行形态与功能创新的时候，需要进行思考和探索的不仅仅是造型，因为随着造型和功能的变化，也需要有能相适应的材质和工艺作为支撑，甚至于一些传统的材质和工艺不再足以支撑新产品。为了在传统工艺的基础上进行创新，设计师可以考虑两种策略：第一，他们应当致力于与工艺人的紧密合作，对相关技艺有所掌握，不必达到手工艺人的水准。第二，设计师在充分理解并掌握了这些技艺之后，可以推动创新，这依赖于坚实的知识基础和足够的资源支持。理想情况下，最好是将创新与传统并重，但首要任务仍然是技艺的保护和传承。

传统景泰蓝制作技艺被列入第一批国家级非物质文化遗产名录，过去北京珐琅厂所制作的景泰蓝大多是传统的大型器皿，在精巧程度上有所欠缺，孔氏珐琅和熊氏珐琅都是基于传统非遗手工艺进行深入研发的典型案例。熊氏珐琅几代传人的技艺脱胎于清代宫廷造办处珐琅作琅工艺手表，其最初的高端产品是以掐丝珐琅工艺进行表盘加工，超于传统的探索也是跟随着市场潮流的变化而进行的。孔氏珐琅是一家自主独立的钟表品牌，品牌建设成熟，擅于制作铜胎掐丝珐琅器，主要经营领域为珐琅钟表设计与生产，有自主研发的机芯，具备全面的设计能力，可以生产掐丝、内填、微绘三大珐琅工艺钟表。

三、在衍生品中提炼运用传统图案

研究传统图案的文化内涵和审美特点是手工艺人设计衍生品的基础。手工艺人通过深入研究这些图案背后的故事、含义以及在不同历史时期的演变，能够在保持其原始精神的同时，也为其注入新的活力。在提炼过程中，手工艺人往往会对传统图案进行简化处理，突出其线条和形状，从而使图案更加适合现代生活节奏和审美需求。

创新传统图案的表现手法和色彩运用是手工艺人在设计衍生品时必不可少的一步。为了提高传统图案在现代产品中的吸引力，手工艺人会运用现代设计理念，使图案更加符合当下流行趋势。此外，融合现代材料与技术是手工艺人在提炼运用传统图案过程中的重要对策。随着新材料和技术的发展，手工艺人有更多的可能性去探索传统图案在不同材质上的表现形式。例如，将传统的布艺图案通过激光切割技术应用于金属或皮革材料，既保留了图案的传统韵味，又展示了新材料带来的独特效果。

跨界合作是手工艺人在提炼运用传统图案时的有效策略之一。通过与现代设计师、品牌合作，手工艺人能够将传统图案与现代设计理念和市场需求相结合，创造出符合现代消费者需求的非遗手工艺衍生品。这种跨界合作有助于传统手工艺与现代设计之间的相互启发和融合，从而推动传统图案在现代产品中的广泛应用。

但在大多数情况下，以这种方法制出的非遗手工艺衍生品对非物质文化遗产的传承人并没有直接的帮助，因为制作所产生的利润很难直接返回到传承人于中。在这个过程中，设计师们并不一定需要借助传承人的技艺，不会产生工时等相应的费用。

四、改变衍生品的材料与造型

一些非遗手工艺衍生品直接源自非遗项目，所承担的不仅有宣传中国非物质文化遗产、打开旅游商品市场、拓宽文化创意产业的任务，更重要的是"依靠产业来养活传统工艺"的造血功能。

本书需提及的一个非遗手工艺衍生品设计案例是关于"凑合"品牌的拼布系列产品。拼布艺术在国内外诸多地区都有所见，此处所呈现的案例源自河北蔚县。从2014年开始，《蜗牛》民艺杂志团队在河北蔚县开展地方性考察，对当地常见的拼布垫产生兴趣并开始进行田野调查，团队对蔚县的十一个镇、十一个乡进行了拼布垫的考察、记录与收集，前后搜集到近百件不同样式的拼布垫。这是一种在华北平原广泛流行的物件，在山西、山东、河北等地都有所见，于河北蔚县较为集中。河北蔚县大部分妇女都会做，根据拼布垫的大小不同，做一个大约需要耗时一天，但其材料成本低廉，主要来自边角布料及破旧的衣服。勤俭持家的妇女们平日会收集这些布料，按颜色和花纹进行分类，并将其裁成大小接近的形状并折成三角形，由内至外、逐圈逐层进行手工钉缝。《蜗牛》民艺杂志团队的初衷本是考察记录，在对拼布垫的作者们进行访谈之后，对拼布文化产生了深入认识，也开始探索这种乡土文化在当代的新发展思路。《蜗牛》的创始人和主编邓超从2013—2016年在河北蔚县对拼布垫进行产业化生产的尝试，同时也做了再设计，对其使用功能和使用空间进行新的拓展。"凑合"品牌之名，便是取其"拼而凑，凑而合"之意。

这种拼布垫在蔚县人民的生活中非常多见，通常放置在炕上、沙发上、椅凳上作为坐具使用。蔚县属于河北张家口下辖县，冬天十分寒冷，在蔚县民居的土坯房屋中，都会以土坯砖垒造火炕，未生火之前炕上较凉，生火之后又会过烫，具有一定厚度的褥垫、拼布垫就派上了用场，也有以拼布图形制作门帘的。时至今日，使用传统火炕进行取暖的家庭逐渐减少，而摆放在沙发上的拼布垫的装饰功能大于实用功能，并不属于刚性需求；随着当地经济水平的逐渐好转，很多人不再留存衣物的边角布料，也无暇制作这种耗时耗力的拼布垫。目前，在蔚县住户家中所能找到的，大多是以前制作的，但所幸时隔不长，拥有这种拼布手艺的妇女在蔚县还很多见。而将这种充满乡土气息的民间手工艺品推入城市的语境和现代生活，则需要转换思路和设计师的介入。一些传统的拼布垫呈二方连续的纹样排列，也有一部分呈中心对称、扩散放射状，这些极具装饰性的特征被蜗牛团队记录下来，并基于此进行转化。

《蜗牛》团队对于"凑合"拼布垫的产业化发展大致可划为两个阶段，沿袭传统的来料加工生产和基于传统拼布垫的再设计。在第一个阶段，《蜗牛》找到了9位会制作这种拼布垫的妇女，提前为他们统一采购好24种颜色的棉麻布料，并和她们达成约定，包括计件的报酬和要求：创作可以自由发挥，所制成的拼布图案与色彩尽量不重复。图案可以是传统的，也可以是创新的，形状可以是圆形或方形。大家在制作拼布垫时，最初参照的是传统的老样子，而后渐渐熟能生巧，产生了各种各样的新图案。《蜗牛》的设计师为拼布垫专门设计了精致的外包装盒，其中包含一个在四角切出弧线的厚卡纸，可将拼布垫嵌入其中，同时卡纸上方留有圆孔，用户可将外包装盒装框或直接挂起，作为软装饰垂直悬挂在墙壁上；也可以将其取出当作日常用品，放置于坐具之上。

在第二个阶段，《蜗牛》团队以非遗手工艺衍生品设计的思路对拼布垫进行创造性的"再设计"，先由设计师拟定产品、绘出图纸，后与当地会做拼布垫的妇女尝试合作。不少人囿于传统的造型，没有见过新图形，认为新产品的制作复杂而麻烦，经过设计师与手艺人的多次磨合与沟通，终于达成合作。在此期间，设计师也掌握了拼布垫的基本技艺，在这种基础上进行设计，大大提高了沟通效率，也促进了新产品的推出，葫芦垫是缩小了的拼布垫，增加了"葫芦头"和挂绳，猫头鹰布玩具，则是融合了三种技法：贴布、叠压、冒尖，将三者融会贯通，终而形成。

《蜗牛》是一个沟通民间艺术和时尚都市的渠道，又担任了"经纪人"角色，不断引导设计师介入民间手工艺与非遗传承，更为其补足了民间手工艺人所缺乏的力量，如品牌策划、受众定位、创意设计、宣传推广和营销渠道。这也正是非遗在与当代社会接轨时，求生存求发展、保证其"造血机能"的一剂良药。

五、增加用户在衍生品中的参与体验

打造以非遗文化为主题的互动式体验空间，如工作坊、展览馆等，让用户在亲身参与的过程中了解非遗文化和手工艺。这种空间可以结合现代科技，如增强现实、虚拟现实技术，让用户在虚拟和现实之间无缝体验非遗手工艺的魅力。例如，通过 VR 技术体验景泰蓝制作过程，增加用户的沉浸感和体验度。

推出定制服务，让用户根据个人喜好和需求参与到非遗衍生品的设计中来。这种参与不仅限于产品的最终效果，也包括制作过程中的选择，如材料、颜色、图案等。定制化服务能够提升用户的个性化体验，加深对传统手工艺的理解和情感投入。

组织非遗手工艺教育工作坊，邀请非遗传承人亲自教授手工艺技术，并讲解其背后的文化意义，让用户在实践操作中学习传统技艺，同时了解其历史和文化背景，从而增加体验的深度和广度。

充分利用社交媒体平台，如微博、微信、抖音等，建立非遗手工艺品牌的社区，发布互动内容，如制作过程的直播、教学视频、用户制作分享等。通过线上互动，增加用户的参与感和归属感，形成良好的口碑传播。

与时尚、家居、旅游等其他行业进行跨界合作，将非遗手工艺融入现代生活。例如，与时尚设计师合作推出服装系列，融入传统刺绣技艺；或者与家居品牌合作，推出包含非遗元素的家居用品。这种跨界合作可以将非遗手工艺推向更广阔的市场，吸引更多用户体验。

建立有效的用户反馈机制，收集用户在体验非遗手工艺衍生品过程中的反馈信息，包括产品设计、体验过程、服务等方面的反馈。通过分析用户反馈，不断调整和优化产品设计和服务流程，提升用户体验。

发展多元化的产品线，满足不同用户群体的需求。例如，可以同时提供高端定制产品和价格适中的大众产品，确保不同消费能力的用户都能参与到非遗手工艺的体验中来。

第三节　河北省非遗手工艺衍生品设计的表现形式

一、复刻式设计

复刻式设计是指以非物质文化遗产为基础，通过复制、模仿或还原其原有形式和特征来进行的设计。这种设计方法的优点是可以保留非遗项目的原真性和历史价值，让人们更直观地了解和体验非遗文化。例如，通过复刻式设计，可以制作出与非遗手工艺品外观相似的产品，使更多人能够欣赏和拥有这些具有独特艺术价值的物品。

然而，非遗衍生品的复刻式设计也存在一些挑战和限制。过度依赖复刻可能会导致设计缺乏创新性，无法满足现代消费者的需求和审美观念。避免只是简单地复制非遗产品的外形，而忽略了其背后的文化内涵和精神价值。

为了更好地进行非遗衍生品的设计，可以在复刻的基础上，结合现代设计理念和技术，进行适当的创新和改良。例如，在保持非遗元素的基础上，增加功能性、实用性或时尚感，以吸引更多消费者的关注。同时，注重挖掘和传递非遗文化的内涵，通过设计让人们更好地理解和感受其背后的历史、文化和价值观。

此外，与非遗传承人合作也是非常重要的。传承人可以提供专业的指导和建议，确保设计过程中对非遗文化的尊重和准确表达。总之，非遗衍生品的设计应该在传承与创新之间找到平衡，既要保留非遗文化的特色和价值，又要与现代社会的需求相结合，以促进非遗文化的可持续发展和传播。

二、提取式设计

提取式设计是一种将非物质文化遗产元素提取并应用于产品设计的方法。这种设计方法旨在通过对非遗元素的创新运用，创造出具有独特文化价值和市场吸引力的衍生品。

以下是进行非遗衍生品提取式设计的一般步骤：

（一）研究与选择

深入研究各种非物质文化遗产，选择具有代表性和市场潜力的项目。

（二）元素提取

从选定的非遗项目中提取关键元素，如图案、色彩、形状、材质、工艺等。

（三）设计理念

根据提取的元素，结合现代设计理念和市场需求，确定设计方向和产品类型。

（四）创意设计

将非遗元素融入产品设计中，可以是文具、家居用品、服装、饰品等，注重保持非遗的特色和精神内涵。

（五）材料与工艺

选择适合的材料和工艺，确保产品质量和可制造性，同时考虑环保可持续发展。

（六）市场定位

根据目标受众和市场需求，确定产品的价格定位和营销策略。

（七）品牌建设

为非遗衍生品打造独特的品牌形象，提升产品的附加值和市场竞争力。

通过这种提取式设计，不仅可以传承和弘扬非物质文化遗产，还能为其注入新的生命力，使之与现代生活相结合，满足消费者对个性化、文化内涵产品的需求。同时，这也有助于促进非遗的保护、传承和创新发展。在设计过程中，需要注重对非遗元素的尊重和保护，确保设计的衍生品真正体现非遗的价值和特色。

三、诠释式设计

诠释式设计是一种以深入解释和展现非物质文化遗产内涵为目的的设计方法。它不仅仅是将非遗元素简单地应用到产品中，更注重通过设计来传达非遗背后的故事、意义和价值。

以下是进行非遗衍生品诠释式设计的一些关键要点：

（一）深入了解

对选定的非物质文化遗产进行全面深入的研究，包括其历史、文化背景、传统技艺、象征意义等方面。

（二）情感连接

尝试理解和感受非遗所蕴含的情感和精神内涵，思考如何通过设计将这些情感传递给用户。

（三）创新表达

在设计中运用创新的手法和形式，以新颖的方式呈现非遗的特色，吸引用户的注意力并激发他们的兴趣。

（四）体验设计

考虑用户在使用非遗衍生品时的体验，设计中需要考虑互动性、参与性或沉浸式的元素，让用户更深入地感受非遗的魅力。

（五）故事叙述

通过设计来讲述非遗的故事，可以运用图案、符号、文字等元素，将非遗的历史和文化内涵融入产品中。

（六）教育意义

设计应该具有一定的教育功能，帮助用户更好地了解和认识非遗，促进非遗文化的传承和传播。

（七）可持续性

在设计过程中，注重材料的选择和生产工艺的可持续性，以确保非遗衍生品的环保和可持续发展。

例如，一款非遗手工艺品的设计可以通过特殊的工艺和材料，让用户在制作过程中体验到非遗的技艺和精神；或者一个非遗主题的展览可以通过多媒体展示和互动装置，生动地诠释非遗的故事和意义。这种设计方法强调将非遗的内在价值与现代设计相结合，创造出有深度、有意义的非遗衍生品，使消费者更容易理解和接纳非遗文化。同时，这样的设计也有助于提高非遗的社会认知度和保护意识。

第四节　河北省非遗手工艺衍生品设计实践

一、传统吉祥纹样在玉田泥塑衍生品设计中的应用

（一）传统吉祥纹样的渊源

古老的吉祥图案承载着深远的历史，常见于民间传统中，承载着人们对美好生活的期盼与憧憬。每一个图样背后都蕴含着积极的寓意，几乎每一幅作品都在传达好运和祝福。古籍《庄子·人间世》中早有记载："虚室生白，吉祥止止。"[①]吉祥的概念最早被描述为纯洁空间中的和谐静止，其深意在于将美好的愿望与庆祝的情感化作画卷，用以表达自身的祈愿或相互的祝福，其核心目的在于传达对福运的祈望。

（二）传统吉祥纹样与玉田泥塑的衍生品设计实践

1.新春拜年礼盒

春节在中国被视为最为庄重的节庆之一，而递贺年礼则是一项流传久远的风俗。设计拜年礼品时，寓意吉祥、传递祝福至关重要，不可或缺的元素包括春联、红包和"福"字。相传，唐太宗李世民因夜间常有噩梦，请秦琼和尉迟恭轮流守护皇宫，才得以安然入睡。后来，李世民让画师绘制二人的肖像，贴在宫门上以驱除邪气，这一习俗逐渐为民间所模仿，秦琼和尉迟恭被奉为门神。在将尉迟恭的泥塑图与春联相结合的设计中，体现了家庭和睦的美好愿望。整个设计将春节使用的词句、横幅、福字以及人物图案的风格融为一体，色调和谐，空白适当，整体风格生动。红包设计采用了 16 种不同的人物形象，与红包结合，展现出 16 种鲜艳的颜色搭配，增添了浓厚的节日氛围。

2."福寿喜乐"餐具礼盒

该设计方案巧妙地将玉田泥塑的经典平面图像与"福寿喜乐"字体创意结合，基于红、白、蓝三种主色，赋予字体以富有吉祥意味的图案修饰，使得设计生动

---

① 郝永.王阳明谪龙场文编年评注与研究 [M].厦门：厦门大学出版社，2019.

而充满趣味。"福寿喜乐"汇集了玉田泥塑所有美好的祝福，代表着幸福、长寿、好运和快乐的寓意。设计中的"福寿喜乐"礼盒采纳了饱满的中国传统红色，并巧妙融合祥云图案、红灯笼、鲫鱼与鞭炮等象征性元素，它不仅仅是一套餐具，更承载着家庭和睦与幸福安康的美好寄托，体现了玉田泥塑对四大美德的完美诠释。

3. 玉田泥塑人物造型设计

伴随技术的演进，电子日历开始普及，逐步替换了传统的纸质日历。然而，纸质日历依旧受到许多人的青睐，特别是在新旧交替之际，各式各样的精美日历成为销售和赠送的热门商品。通过将玉田泥塑 —— 一项非物质文化遗产与日历的设计相融合，既保留了日历的传统价值，也促进了玉田泥塑文化遗产的传承和发扬。

电子时代的到来使邮票成为具有收藏意义的纪念品，将玉田泥塑中的人物配以文字介绍与邮票结合在一起，两者同为需要纪念的文化，可以起到双重的宣传纪念作用。

市面上铜镜依然随着古风潮流而频频出现在市场上，成为顾客青睐的设计产品。玉田泥塑可结合适合形象，将人物轮廓逐渐靠近铜镜轮廓，两者结合使得传统韵味骤现。

二、蔚县剪纸的衍生品实践设计

在古色古香的暖泉镇，剪纸艺术已成为居民日常的一部分。走在镇上，随处可见居民们专心致志地雕刻着剪纸艺术品。小巷弯弯，摆满了精美装框的剪纸作品。这里的文化氛围浓郁，剪纸艺术不仅融入了当地居民的生活，也成为推动经济发展和提供就业机会的重要产业。在经济和文化快速发展的今天，文化旅游正变得日益火热，成为一大优势产业。得益于媒体和网络的快速发展，以及通信技术的不断发展，蔚县那独有的自然景观和传统文化魅力正吸引着越来越多的人。旅游业的蓬勃发展也催生了众多商机，许多具有前瞻眼光的企业家和投资者从蔚县的旅游和传统文化产业，如剪纸艺术中，看到了巨大的发展潜力，因此增加了投资。展望未来，蔚县的文化旅游业将迎来更加光明的发展前景。

　　将蔚县传统剪纸作品进行衍生品设计，可以使蔚县旅游产品突出其个性特征和地域差异性。在蔚县剪纸衍生品设计中融入蔚县剪纸元素是非常有必要的。将传统的剪纸艺术与蔚县旅游产品的设计相结合，对于旅游的发展及景点的衍生产品销售都起着不小的推动作用。剪纸艺术衍生品可以提升游客在暖泉古镇游览过程中的体验感，剪纸创作的体验具有很强的新鲜感。每件蔚县景点的旅游产品已不单纯只是旅游纪念品了，除了对于出游的纪念作用外，更是消费者对当地旅游景区文化产生的接受和喜爱，被当地历史文化所吸引产生消费购买。商品除了本身的实用性外更具有文化特性、地域性、创意性的价值。

（一）蔚县剪纸衍生品的设计方法

1. 直接应用

　　民间民俗文化和中国传统的重要内容，在蔚县剪纸中得到了深刻的反映，是其特有的题材形式和纹样元素。这些题材和纹样被广泛用于蔚县剪纸艺术的创作中，而这些题材和纹样代表着艺术价值在现代人的生活和审美中同样被接受和运用，代表了精神层次的美好追求。我们所熟知的剪纸发展史里，剪纸结合了花鸟题材、鱼虫题材、戏曲题材、脸谱题材，这样既能发展弘扬我们中华民族的戏曲文化，同时也将喜庆和欢乐传到家家户户。例如，龙纹凤纹有很多种造型，把这些运用到现代设计艺术中，表现人们对美好生活的追求，具有民族风格的装饰韵味。

　　蔚县剪纸展现了丰富的构图形式，以几何和不规则构图为其主要表现手法。当目的是强调画面的完整轮廓时，几何构图是首选；而欲突出画中元素时，工匠则往往倾向于不规则构图。在执行复杂的艺术粘贴构图工作中，了解并掌握每种粘贴方式表达的主旨及其构图规则是必不可少的。通过把握这些构图手法的特性，能够有效地将它们应用到作品中，根据设计需求进行选择和调整，甚至可以创造性地将两种构图方法结合起来，以达到艺术效果的最佳展现。

　　从物象造型之间的透视和比例关系上来说，蔚县剪纸艺术同样有一套相对于自身来讲较为合适的方法，就是根据物体的直观形象和内在的联系，通过不同的整合方法得来。对于民间剪纸来说，它的架构和性能是将感性和理性相融合的动态辩证，而不是一个固定的点或是静态的事物可以模拟或是复制的。中国民间艺术在透视上不追求纵深感，而有着"看得多，看得全"的审美辨识，民间剪纸艺术也因此形成了它特有的审美观念，在二维的空间将需要表达的内容展现出来；民间剪纸相对比较自由，不束缚于大自然的特定的形态，也不效仿其他事物外貌形态，客观的把事物通过面的形式呈现出来，同时还能描绘出各种不同时间空间的客观事物，提升了造型的整体性，展现了中国人民的聪明才智和对于美好生活的向往。同理，此种方法也能很好的应用于现代化的产品设计中，来打破在现代化的装饰设计图案中可能出现的构图局限。

结合民间艺人的高超智慧和中国特有的民族特征，才在创作中一步步形成了民间剪纸的构图、题材和造型的方式方法。设计师需要思考民间剪纸艺术的构图方式和造型特征，充实现代产品的装饰语言。

2. 重构元素

对艺术品进行重构的原因在于设计艺术衍生品之初的概念没有成形，就是指设计的范围要高于此艺术品概念的重构，不可只局限在单纯的设计任务里。在设计一件新的艺术衍生品时，我们需要对艺术品和艺术家有基础的了解和探究。这里说的就是要对蔚县剪纸的地理、人文、民俗以及艺术特征要有初步的了解。只有这样才能为蔚县剪纸的衍生品设计进行模拟重构。具体可以从两个方面进行改进。一是按照艺术品中一般元素，将色彩、造型、内容、艺术理念等汇总在一起；二是对这些问题我们的看法和建议有哪些。此时，艺术品现有的状况就是怎样对艺术衍生品进行设计，怎样运用艺术品中的独特风格、流派等元素设计出优秀的衍生品。

设计师在保留传统韵味的同时，还要满足现代审美和市场需求的挑战。这要求设计师们不仅要深入理解蔚县剪纸的文化内涵和艺术特点，还需掌握适度原则，以避免过度引用和盲目模仿，确保设计既有创新性，又能体现出创造者的精神价值和时代需求。设计师首先需深入研究蔚县剪纸的历史背景、文化特点和艺术风格，通过对传统图案、色彩运用、构图方式等方面的深入了解，更好地把控设计的深度与广度，避免表面的借鉴和简单的复制。在充分理解蔚县剪纸艺术特点的基础上，设计师应提炼和抽象其中的核心元素，如图案、线条、色彩等，将其转化为新的设计语言。这种转化不仅要保留原有的文化精髓，还要结合现代设计手法和技术，创造出既具有传统韵味又符合现代审美的衍生品。设计师在设计过程中，应注重蔚县剪纸传统文化内涵与现代审美需求的结合，不仅要有深厚的文化底蕴，还要了解市场需求和现代人的审美偏好，通过对色彩、形状、材料等元素的现代化调整，使得设计既能反映蔚县剪纸的特色，又能满足现代消费者的需要。在衍生品的设计实践中，设计师应当借鉴和融合多学科知识，如现代艺术、工业设计、心理学等，以此来拓宽设计思路和视野，多学科的交叉融合能够为设计师提供新的灵感和方法，助力创造出既有文化价值又具有市场竞争力的产品。在保持艺术价值的同时，还需充分考虑产品的实用性和用户体验，设计师应考虑到衍生品的功能性和舒适性，确保其不仅是一件艺术作品，更是满足用户日常使用需求的实用品。通过对材料、工艺的创新改良，提升产品的耐用性和舒适度，从而增强市场竞争力。

（二）蔚县暖泉古镇剪纸元素提取

设计师以暖泉古镇——蔚县的历史和文化宝库为灵感来源，将其丰富的建筑风格、民间传统和著名的蔚县剪纸艺术融入作品中。这些作品不仅体现了蔚县独有的地域特色和文化精髓，而且还旨在通过对传统剪纸艺术的现代诠释，向广大观众展示其美感，同时促进暖泉古镇的旅游和当地经济的增长。

蔚县剪纸艺术中的纹样设计，以其丰富多样的形态著称，涵盖了花卉、鸟类、鱼类和昆虫等自然界的形象。在色彩选择方面，蔚县剪纸不局限于常见的手工艺品提取颜色，而是采用了一种自由化的颜色选取方法。这使剪纸作品的色彩随着时间的发展而日益丰富，展现出更多的色彩变化。从那些精美绝伦的蔚县剪纸作品中，设计师可以选择诸如花、鸟、祥云等元素。

在设计暖泉古镇的关键视觉图形时，设计师采取了一种结合当地特色的方法，将建筑的静态轮廓与蔚县剪纸的动态自然元素融为一体。整个设计以红色为主色调，红色也是剪纸艺术中的经典色彩，设计过程中吸收了蔚县剪纸的阴阳雕刻技术。通过简洁的线条勾勒建筑的基本形态，并通过色块的添加来增强视觉效果。图形设计沿用了蔚县剪纸的长方形布局原则，通过沿水平线条排列元素增添了秩序感。四个主要景点的图形以几何形状为基础，使整体设计在视觉上显得格外和谐与清晰。

T恤服装设计中融合了传统民艺图案与文字创意，旨在满足绝大部分消费者对于美观与时尚的追求，同时展现了独具特色的地方文化标识。这种设计理念有助于抓住消费者的眼球，因其普遍的受欢迎程度和实用性，市场需求旺盛。在衍生产品设计之中引入蔚县剪纸的艺术风格，旨在借力市场的广阔空间，推广蔚县剪纸文化，尤其是向年轻一代传达其文化价值，激发他们对传统文化的兴趣及传承意识。

蔚县剪纸艺术具有很强的识别性，挖掘其唯一性和独创性可以提升作品的附加值。在设计表现中要融入体现构图、造型、色彩等方面的艺术表现特点，提高设计衍生品的形式美感和艺术表现力。设计表现形式的探索要以市场需求为导向，与现代文化审美设计趋势相符合，注重实用性、文化性和创新性的有机结合。在非遗衍生品设计课程教学中，要紧密结合蔚县剪纸艺术的表现特点进行再设计和衍生品研发，创意表现要巧于构思、立于创意，将蔚县剪纸艺术以新的形式展示出来。

第一，在设计表现过程中要保留蔚县剪纸艺术的构图特征。画面形式要丰富饱满喜庆，图形处理上需要保证整幅作品的完整性，以及画面中图形与图形之间的连贯性。在图形保证连而不断艺术特征的同时还需要注意表现处理线条的连续性。图形元素可借助打散、重构、重复等现代构图形式进行设计创作。第二，画面整体色彩要保留蔚县剪纸艺术色彩表现特点。视觉感受既要艳丽丰富，又要实现和谐统一。蔚县剪纸在色彩上追求浓艳，鲜艳夺目的效果，色彩采用大量高纯度对比色，红与绿、蓝与橙、黄与紫等提升作品的视觉冲击力，所以在衍生品设计创作过程中要保留其艺术风格和文化气息。第三，蔚县剪纸造型图案的提取需要进行图案化艺术处理，用构成形式中的点、线、面等基本设计元素概括归纳剪纸图案，统一色调后将剪纸图案进行装饰体现蔚县剪纸的艺术特点。对图案元素进行剪纸艺术的再加工，特别是在一些细节的处理上，将剪纸艺术中特有的表现镂空表现形式，如水滴形、锯齿形、柳叶形、月牙形、几何图形这些代表性符号应用到图案设计中来丰富和美化画面形式，使作品具有较强的识别性和装饰性。

蔚县剪纸艺术融入非遗衍生品设计课程教学的探索为中国传统手工艺的传承发展与创新带来更多的设计思路。有利于培养学生的文化自觉和文化自信，强化传统文化情境构建，实施非遗衍生品设计项目制教学构建。对非遗衍生品设计方法的实践可以促进非遗文化的传承发展和创新，设计出符合时代发展潮流，满足当代大众需求的非遗衍生品。蔚县非遗剪纸艺术与现代设计的融合，同时也为衍生品设计提供了丰富的设计素材和表现形式，引导学生在设计过程中了解非遗文化，从而打开设计思路，激发设计创作灵感，为非遗衍生品设计的传承发展创新注入新活力。

参考文献

[1] 刘顺超 . 邢台非遗文化 [M]. 石家庄：河北人民出版社，2018.

[2] 刘正宏，张峻，孙磊 ."非遗"文化创新实战与应用 [M]. 北京：中国轻工业出版社，2018.

[3]《主人》编辑部 . 遗落在民间的珍珠非遗手工技艺篇 [M]. 上海：上海三联书店，2015.

[4] 汤兆基 . 中国手工艺雕塑 [M]. 郑州：大象出版社，2019.

[5] 纸上魔方 . 传统手工艺 [M]. 长春：北方妇女儿童出版社，2018.

[6] 王燕，王巍 . 河北省非遗产业与旅游开发研究 [M]. 西安：西安交通大学出版社，2018.

[7] 赵建波 . 河北省武术品牌文化"非遗"发展与保护研究 [M]. 北京：中国原子能出版社，2016.

[8] 马维彬 . 河北省非物质文化遗产图典第 5 辑 [M]. 石家庄：河北美术出版社，2019.

[9] 中共沙河市委宣传部 . 沙河非遗 [M]. 北京：文物出版社，2020.

[10] 田小杭 . 中国传统工艺全集 民间手工艺 [M]. 郑州：大象出版社，2007.

[11] 李天滢，王欣欣，赵仲意 . 新媒体视域下河北省非遗数字化保护与传承策略研究——以非遗文创 App 为例 [J]. 河北科技大学学报（社会科学版），2022，22（3）：95-101.

[12] 王平胜 . 当下"传统非遗"手工技艺的发展现状和解决路径 [J]. 戏剧之家，2021（27）：191-192.

[13] 郭寅曼，季铁，闵晓蕾.非遗手工艺的文化创新生态与设计参与价值 [J].装饰，2021（5）：102-105.

[14] 郝静，李小慧.河北蔚县民间剪纸艺术及发展 [J] 美术观察，2009（8）：109.

[15] 殷哲，王新良，邢健.河北非遗手工艺传承发展与乡村振兴战略研究 [J].大众文艺，2020（23）：11-14.

[16] 吴师彦.新媒体视野下非遗传统手工艺传承与发展研究 [J].智库时代，2019（50）：282-283.

[17] 付伟安.非遗视阈下传统手工艺人的传承困境及对策 [J].人文天下，2018（9）：43-46.

[18] 章莉莉.非遗手工艺的活态传承和文化创新 [J].上海艺术评论，2016（5）：44-47.

[19] 张艳奎.河北文化协同发展与非遗保护制度机制创新研究 [J].美与时代（城市版），2016（6）：103-104.

[20] 袁海英.河北非物质文化遗产保护研究 [J].大众文艺，2010（2）：203-204.

[21] 闵晓蕾.社会转型下的非遗手工艺创新设计生态研究 [D].长沙：湖南大学，2021.

[22] 韩佳恒.基于非遗文化与科技融合视角下的蜡染手工艺创新设计 [D].大连：大连工业大学，2021.

[23] 朱慧.基于非遗背景下的当代竹编艺术创新研究与实践 [D].杭州：杭州师范大学，2020.

[24] 江斓.手工艺分工视角下的非遗保护方法研究 [D].杭州：浙江工业大学，2020.

[25] 兰晓霞.传统手工艺非遗纪录片的故事化叙事研究 [D].南昌：南昌大学，2020.

[26] 王颖.传统手工艺类非遗纪录片的叙事策略研究 [D].曲阜：曲阜师范大学，2019.

[27] 康一然 . 传统手工技艺类非遗纪录片叙事研究 [D]. 保定：河北大学，2019.

[28] 张骜 . "非遗" 题材纪录片在 "非遗" 保护中的作用 [D]. 保定：河北大学，2018.

[29] 董娟 . 传统手工印染工艺在现代壁挂中的创新运用 [D]. 成都：西南交通大学，2014.

[30] 韩宁 . 中国传统手工钩针编织工艺的市场化应用研究 [D]. 大连：大连工业大学，2009.